数学教学理论与方法探索

张召锋 彭 岩 王 昕◎著

吉林人民出版社

图书在版编目（CIP）数据

数学教学理论与方法探索 / 张召锋，彭岩，王昕著．
长春：吉林人民出版社，2024. 8. -- ISBN 978-7-206
-21353-3

Ⅰ. 01

中国国家版本馆 CIP 数据核字第 2024GN0960 号

责任编辑：王　斌
封面设计：王　洋

数学教学理论与方法探索
SHUXUE JIAOXUE LILUN YU FANGFA TANSUO

著　　者：张召锋　彭　岩　王　昕
出版发行：吉林人民出版社（长春市人民大街 7548 号　邮政编码：130022）
咨询电话：0431-82955711
印　　刷：三河市金泰源印务有限公司
开　　本：787mm×1092mm　　1/16
印　　张：9.75　　字　　数：120 千字
标准书号：ISBN 978-7-206-21353-3
版　　次：2024 年 8 月第 1 版　　印　　次：2024 年 8 月第 1 次印刷
定　　价：68.00 元

前　言

数学一直被认为是开启知识之门的钥匙，在各个领域都备受重视。随着现代科技的飞速发展，数学理论知识的更新速度也愈加成为社会发展的必然需求。在此背景下，数学研究人员肩负起了推动数学发展、引领时代潮流的历史重任。与此同时，数学的发展也需要得到下一代的持续关注和传承。为此，身处一线的数学教师需要积极主动地接受时代赋予的教育资源和技术红利，勇于探索和整合各种现代化教学手段，并从根本上提升了课堂教学效率。

数学教学理论是经过数学教育理论研究者与教学实践探索者长期不懈地努力和深入思考，历经岁月的洗礼和实践的磨砺，逐渐从实践中提炼、从经验中总结、从理论中升华而来的对数学教学本质属性的深刻推论。

数学教学理论的发展必须与教学实践密切结合。然而，在当前的数学课堂过程中，学生在解决数学问题时，尚未形成独立而有效的解题思维框架。他们倾向于依赖教师，并且容易受到教师的影响，在解决数学问题时，经常选择简单地复制教师讲解习题所用的解题步骤和思维方式，却很少尝试独立探索和创新解题方法。教师在日常教学中，固然需要遵循教学计划，以保证课程的有序进行，但在这个过程中，可能会无意识地忽略对学生数学应用能力的系统培养，未能有效地激发和提升他们在数学逻辑思维和发散思维方面的潜力。同时，在当前的数学教材中，理论推导类型的题目占据主导地位，而与实际应用相关的题目相对较少，这无疑加剧了数学教学与学生现实生活之间的脱节，导致数学知识的学习往往局限于纸面的智力操练，而学生在解决实际问题或运用数学工具进行创新性思考时，常常感到力不从心，使其实际应用能力停留在较低水平。

数学教学理论与实践的融合，可分为五个相互支持的教学环节，以循序渐进的方式展开。首先是引导学生展开自主探究，通过研读预习提纲，激发内在求知欲，初步构建知识框架。其次是教师精心创设与教学内容紧密相关的教学情境，将抽象的数学原理生动具象化，拉近数学知识与学生生活的距离。再次是问题引入阶段，鼓励学生主动参与，展示他们的理解或提出疑问，促成课堂互动，加深对所学内容的理解。然后是系统总结回顾，帮助学生厘清知识点间的逻辑关系，巩固所学，弥补学习中的遗漏。最后是强调应用反思与反馈环节，引导学生将所学内容应用于实际问题的解决中，同时反思学习过程，提升自我评价与调整学习策略的能力。在这个过程中，教师应当遵循因材施教、师生平等的教学原则，将学生视为课堂教学的主体，通过积极的鼓励增强学生对学习数学的自信心，引导学生由被动接受知识转向主动构建知识，为他们提供探究、合作与反思的机会，让课堂成为自主学习和积极创新的舞台。

鉴于笔者学识与经验之有限，本书恐难避免存在疏漏与不足之处，特此恳请教育界同道慷慨赐教，惠予指正。

目　录

第一章　数学教学理论

第一节　数学的特点、方法与意义

数学和数学教育虽然名称相近，但实际上是两个不同的研究领域，它们都源于人类的社会实践，并随着文明的演进而逐步发展。我们需要探讨数学存在的原因是什么，以及它固有的属性和逻辑思维方式是怎样的，同时也需要了解研究和学习数学对个体发展有着怎样深远的影响。教育学者长期以来一直在探索这些问题，但至今仍未找到完美的数学教学策略，甚至连大致的轮廓都很难勾勒出来。但是，我们可以观察到，在日常的教学实践中，教师总是会有意识或无意识地运用特定的数学及其教学理念指导他们的教学，进而影响了教学效果的好坏。因此，从事数学教学的教师需要深入了解数学的核心特点和思维方式，并清楚地认识到其深层次的价值所在。

一、数学的特点

几乎所有的物质和概念在世界上都具有某种程度的“量”。这种“量”不仅贯穿人们生产和生活的方方面面，而且在数量本身、数量之间的关系，以及数量的变化等方面都起着至关重要的作用。数学作为一门研究数值、数的变化，以及它们之间相互关系的学科，广泛应用于各个科学的研究与实验中。这种广泛应用展现了数学的普遍性，为数学的其他主要特点和一些专有特点提供了基础。

数学的本质长久以来都受到专业数理逻辑学者的深入总结，其中，苏联数学家 A.D. 亚历山大洛夫在其著作《数学——它的内容、方法和意义》中的见解极具代表性。他指出，即使一个人对数学的了解仅限于偶尔碰到的一些简单数学问题，也能从中领悟数学的基本特征：一是它的概念具有高度的抽象性；二是其严密的逻辑结构；三是其广泛的应用领域。这些特征在实践中得到了验证。迄今为止，当人们在讨论数学特性时，仍然倾向于将其概括为“三性”——即抽象性、严谨性和广泛的实用性。

1. 抽象性

众所周知，数学领域的概念与理论体系源于对自然界的高度概括，此特质虽非数学所独有，但数学概念的抽象程度是远非其他学科知识可以比拟的。

2. 严谨性

数学的严谨性体现于其逻辑结构的不可擅改，这是为确保从数学逻辑推导出的结论无可置疑。数学研究的本质要求运用逻辑推理，这种要求受到数学探究领域和数学性质本身的影响。数学之所以如此超然，源于其超越寻常的抽象特性，这导致相关证明只能基于已有概念的逻辑推导。数学探讨的核心在于形而上的抽象思维内容，其结论的可信性不像物理等学科那样可以通过反复实验来验证，而是依赖严谨的逻辑推理。一旦通过逻辑推敲确认了某个结论，那么，该结论即

被视为正确无误。

人类的探索推动了数学领域的发展，为确保数学理论的严谨性，我们需要不断地完善数学的理论体系，这一过程不仅在内容上进行了重塑，其外在形态上也进行了改变，使从数学基础理论框架出发的各个高等数学学科都经历了巨大的转变。这种严谨性的提升得益于我们在构建理论框架时所采用的严密方法和科学的证明方式。

3. 实用性

正如 A.D. 亚历山大洛夫等人在《数学——它的内容、方法和意义》一书中所述，数学的根源在于对客观事物认知经验的高度概括。这些概念、定理并非脱离现实，而是源自实际，并且在各种学科、技术领域，以及日常生活中都有广泛的应用。数学之所以具有如此广泛的适用性，是因为它研究的是各种量的变化，以及它们之间的相互关系，而不是仅限于特定的物理结构或物体运动状态，更是涵盖了所有形式的物理结构和物体运动状态。数学的高度概括性概念揭示了不同对象之间量度变化的普遍规律，使数学能够被应用于研究多样的对象和各种物质性运动。因此，从某种意义上说，数学可以被视为所有科学领域共同使用的基本工具。

二、数学方法与意义

数学的应用范围广泛，其实用价值更令人惊叹。数学的贡献并非简单地提供成熟的实用工具所能概括。事实上，数学的发展为人类带来了许多新的思维方式和解决问题的技巧。其中，公理化的数理逻辑、数学建模方法，以及广泛应用的概率思维等，影响深远且具有实际效用。

（一）数理逻辑和数学方法

1. 数理逻辑

数理逻辑是由物理宇宙中事物的结构排列模式及数值比例映射到人类心智，经过一系列心理活动后形成的产物。它不仅是人们在探索数学方法和数理基础科学的过程中逐步提炼形成的认知理念，也是对特定数学概念及数学认知过程的具体表达。长期以来，这种逻辑在数学应用中广泛运用，具有强大的指导作用，是构建数学教学框架和解决应用数学问题的核心理念。

各个学科领域都有其独特的思维模式和逻辑规则。数理逻辑是数学特有的一种科学研究思维方式，而一些从数理逻辑中衍生出来的思维方式，如分类思维，在许多其他学科中都有着广泛的运用。如中文教学可以分为文学、语言学、写作等多个子学科；外语教学则可以细分为听力、口语、阅读理解、写作练习及翻译等不同课程；物理学科包含机械力学、热力学、声学、电磁学、光学，以及核物理等分支；化学又可以进一步细分为有机化学与无机化学；生物学也可以分为对植物、动物和微生物的研究等领域。然而，这些思维方式并不局限于数理逻辑，它们只有在处理几何结构和不同物体数目关系的问题时才会在数学中应用。若以“逻辑归类”为标准进行判定一种思维是否属于数理逻辑范畴，那么，只有当这个思维与数学理论有所交集时，才能将其归入数理逻辑的范畴；若其与数学理论无直接关联，则不应将其归入数理逻辑的范畴。同样地，对立统一、量变质变及否

定与肯定等逻辑关系，只有在实际应用于数学问题的解决过程中，并转译成数学表达形式时，才能被认定是数理逻辑的一部分。换言之，数理逻辑并不能代表整个逻辑学范畴。

2. 数学方法

经过长期的实践和观察，人们逐渐揭示并掌握了许多运用数理逻辑的方法和途径。这些方法和途径在人们理解和探索世界的过程中被广泛运用。当某种方法被反复证实有效，并且能够达到人们预期的结果时，就可以将其称为数学方法。数学方法源于将数学作为研究科学和解决问题的工具，其中包括使用数学的符号语言描述实体的状态及它们之间的关系和它们的变化过程。通过演绎、计算和分析，人们最终构建了一套解释、评估和预测的策略体系。

数学方法呈现出数学学科的三个主要属性。一是它具有极端的抽象性，数学方法无法用现实世界的事物来具体表述稍微深入原理；二是数学方法展现出严谨性，这体现在理论推导过程的逻辑紧密性和结果的明确稳定性；三是数学方法具有广泛的实用性。它是对物理世界性质、数量、实质与形式相结合的最佳表达形式。这一特性在以下几方面得到具体体现：提供了简明扼要的规范语言；提供了量化分析和计算机制；提供了逻辑推演的工具；构建了数学模型。

在运用任何数学方法之前，首要步骤是对研究对象进行量化处理，建立数学模型以进行分析、测量和计算，同时采用该领域独特的符号语言准确而简洁地解释科研成果。比如，亚当斯和勒维烈利用万有引力定律，通过复杂的定量分析和算术推演，在实际观测到海王星之前就在理论上预测了它的存在。

数学方法在现实操作中常常表现出一种序列化和分级的特点。这是因为各种数学技巧都需要按照多个严格的步骤进行。这些步骤各自具有特定的含义，并且彼此之间都存在着固定的联系。

3. 数理逻辑与数学方法之间的联系

数理逻辑和数学方法密切相关。在数学方法中，逻辑是其内在学理的支柱。数学的发展涌现了方程、函数、统计、几何、向量等各种概念及其应用方法，这些都源自数理逻辑。换言之，数理逻辑是思维的整合，为形成数学方法提供了基础，其本质上是为了实践而服务的。数学方法的应用与数理逻辑的思考是同时并行而不冲突的，它们相互促进、内外一致。

（二）宏观的数学方法

数学方法能够划分为不同等级，这里只是从宏观角度来阐述具备代表性的数学方法，以便能够更深入地阐明数学的特性。

1. 公理化方法

数学因其完整的逻辑结构而备受推崇，其主要优点在于率先实践并成功运用了公理化思想，这一思想的起源可追溯至古希腊学者欧几里得所编纂的《几何原理》。欧几里得通过从五条基础设想和公理出发，运用逻辑推理，推导并证明了当时已知的所有几何学知识。公理化思想在数学领域的成功应用，为以公理系统为基础的理论推导方法奠定了基础，该方法如今已成为现代自然科学，以及社会科学研究中的常用手段。正如笛卡尔所言，唯有采用数学方法，我们才能获得可靠且可用的知识。

2. 数学模型法

“模型”一词被定义为对研究主题或对象特征的一种仿效，而数学模型是特指运用数学来描述实体的具体模型。从广义的角度来看，所有的数学理论在本质上都可以看作是对数学模型的抽象概括。比如，使用实数集构建时间流动模型，利用微积分展示物体运动模型，以概率论解释事件发生概率的模型，采用欧几里得空间几何学描述人类生活的三维空间模型，以及运用非欧几何学推演宇宙的无限模型等。

3. 概率法

在20世纪的数学领域内迎来了一项伟大的重要突破，即概率论的兴起和迅速发展。众所周知，在人类社会和自然界中，存在着确定的现象、不明确的现象，以及偶然发生的现象这三种类型，这就催生了相应的确定性数学、模糊性数学和随机性数学等不同的数学门类。

三、数学的意义

显而易见，数学的诞生与发展加速了人类历史发展进程，并推动了人类智力的发展与理性思维的进步。

（一）对于人类进步和社会发展的重要影响

数学的知识体系、思维模式及其研究方法，对于人类社会的进步和发展有着重要的推动作用。在我们的探讨中，这一点变得十分明显。数学的发展贯穿人类历史的各个时期。如从古希腊时期的欧几里得建立的公理体系雏形，一直到1899年希尔伯特对其进行的形式化系统构建；1677年牛顿提出的不太严格的微积分概念，到欧拉经过努力提出欧拉积分，再到19世纪和20世纪之交微积分最终发展成为一个严密、逻辑性强的数学分析体系。数学一直在挑战和拓展人类认知的边界，并衍生出经济学、计算机科学与工程技术等领域，为人类文明社会的建设发展提供了重要支持。

（二）探索自然现象、社会现象的语言与工具

自数学诞生以来，人们就将其视为一种描述自然现象或社会现象的语言，也是解析人类需求所引发的各种难题的工具。西方数学家特别热衷研究数学与自然现象、社会现象，以及科学技术之间的内在联系。早在古希腊社会，就有学者提出了数学是揭示物质世界奥秘的关键。他们认为宇宙是按照数学法则被造物主创造的，是一个有序的、可预测、终将为人类所理解的宏伟体系。随着数学的发展，人们将能够通过数学推算出宇宙构造背后的至高真理，这一设想成为现代科学发展的孵化温床。

（三）提高文化素质与发展科学思维

数学的发展推动着科技的进步，每一次在数学上的突破都将科技水平推向新的高度。数学对科技人才的培养、国家经济的发展、全民科学素养和文化底蕴的培养具有非常强大的影响力，其他学科很难与之相比。在数学的引领下，人类个体的逻辑思维得到了锻炼，创新意识得到了激发，情感世界也得到了丰富。数学是推动人类文明不断

前进的重要动力，是人类探索自然和现代社会现象的逻辑框架和语言体系。

第二节　数学教学理论与发展

一、教学理论的探索

“教”与“学”是研究教学的两个方向，因此，教学理论和学习理论也属于不同的范畴。美国心理学家布鲁纳对此有着独特的见解。他认为，教学理论是一种具备指导功能的规范性理论，进而能够约束教师的教学行为，其存在的意义在于帮助教师理解如何进行教学，学习理论则更倾向于分析学生学习行为的诱因及其本质。这一观点被同领域的奥苏伯尔所继承并发展，他补充并指出严格意义上的学习理论虽未直接指明教学的具体路径，却为教师提供了从哪里开始组织教学的线索。通过研究学习理论，教师可以将关注重心从课堂转向学生，从而推动传统教育模式向更加以人为本的方向转变。

探索教学理论不可避免地会触及教学理论与课程理论的内在联系，此番探讨的目的并非造成两种理论对垒，而是想要展示二者和谐共生的内在联系。

在深入研究教育教学领域时，不可避免地需要考虑教育学的诸多内容，尤其是教育哲学与课程结构之间的相互关系。本书并不是引发这两者之间的争议，而是将它们视作一种“协调而具有特色的联系”。一方面，尽管课程安排与教学方法有关，但它们实际上是两个独立的研究领域——课程主要着眼于学生个体及其学习范围的设计，包括获得的知识、参与的过程和积累的经验，而教学侧重教师的教学行为，如教学手法、对话交流和启发式探索；另一方面，课程内容与教学手段相辅相成，共同发挥作用，这种相辅相成并不是简单的二元化或单向影响。此外，尽管课程与教学是独立的研究领域，但它们不可能在孤立的环境中独立存在。课程研究作为一个独立的研究方向，实际上是在教学研究之后逐渐形成的。人们普遍认为，博比特的《课程》开创了课程研究领域的先河，而泰勒的《课程与教学的基本原理》为现代课程理论奠定了基础，构建了一个影响深远的现代课程研究框架。最后，教学理论研究的核心在于探索教学的目标、职责、过程（包括规律与技巧）、教学内容及其组织方式、教学媒介使用，以及对教学效果的评估与反馈等方面，课程理论则主要关注如何构思、规划和实施课程计划革新等议题。

现代教学理论研究主要呈现两个方向：其一，探索教师的不同教学行为对学生产生的影响；其二，研究如何提升教学效果。前者通过实践的探索为后者提供了充实的数据支持和理论基础，后者则成为推动现代教育发展的关键。教学理论与学习理论的研究并不是相互孤立的，教学理论注重于教学实践和策略优化，学习理论则致力于深入挖掘学生学习的内在规律，二者共同推动了教育实践的深化与创新。

二、一般教学理论与数学教学理论

教育教学理念的建构和演进贯穿了漫长的历史时期。这一过程始于对教育实践的经验总结，逐渐演变为教学观念的日益成熟，最终

形成并推动了教育教学理念的发展。这一历程展现了对教学活动不断深入探索和日益丰富的努力。当理论缺乏思想指导时，往往会显得单调、乏味且缺乏活力。唯有深入洞察理论背后的思想精髓，数学教学理论才能焕发出生机和活力。

（一）一般教学理论的共性与个别性

在数学教学中，共性与个别性的结合是指普遍的教育理念在特定领域的具体呈现，即通用概念在数学领域的特殊表述。这种结合凸显了普遍与特殊之间的相互联系：普遍原则适用于总结特殊情况，而特殊情况又在本质上反映了普遍原则。然而，不能简单地认为特殊情况就等同于普遍原则。如果这样做，特殊性就失去了继续存在的理由。

教育活动在实践中始终以特定的学科知识为基础，这可能是语言文学、数理逻辑或其他领域。然而，在讨论教育理念时，有时会故意规避对特定学科具体教学问题的探讨，更偏向宣扬那些宏大而抽象的理念口号。一些研究者甚至将理论探索等同于对文字符号的玩弄，他们孤立于实践之外，自行创造理论。

在教育领域，教育理论和心理学原理等构建了一个总体框架，为次级地位的数学教育提供了重要的指导。当然，数学教育理论也需要符合这些普适的教育原则。然而，普遍性的指导不能简单被取代，而应结合具体情况进行深入分析。比如，在研究数学教育理论时，需要考虑教学目标、过程、架构等要素，虽然要借鉴一般性教学理念的研究成果，但同时也要突出数学教学的独特性和数学教学素材的核心特征。如果无法做到这一点，数学教育理论将变得边缘化，仅仅是一种形式而已，失去了其应有的价值。

（二）数学教学理论的内在规定性

任何事物或现象的确立与存在，都依赖其必不可少的关键要素。相对而言，如果缺少了这些关键要素，那么事物或现象就无法保持原有的特性，可能就会消失或演变成其他形态。这种内在的决定性是适用于所有事物或现象的，数学教学理念也不例外。比如，一个概念之所以与其他概念有所区别，就取决于其本质内涵，这些内涵定义了概念的本质属性。因此，在研究数学教学理论时，必须努力揭示其核心要素，并将这些特定于数学教学的规则与普遍教学理论中的规则区分开来，以便能够更清晰地呈现出来。

（三）数学教学理论的不变属性

数学教学理念研究的另一个核心任务是探索该领域独有的特征，即仅在该学科教学理念中存在的常量因素与数学教学理念内部的确定性因素相比，这些常量特征主要是指其所谓的“范围”。所谓的“范围”涵盖了数学教学理念研究中不可或缺的范畴，然而，这些范畴在普遍的教学理念或其他学科的教学理论中往往没有得到特别的重视。

三、数学教学理论研究何以发展

（一）防止“去”

数学教学理论的探讨应融入学科教学的整体理论框架，并且必

须贯穿数学元素，只有在专注于数学学科的基础上进行深入研究，确保理论内容与数学的密切相关，才能真正称得上是数学教学理论。如果教学理论偏离了数学的实质，那么，这样的理论就无法真正帮助解决数学教学中的具体问题，也无法有助于数学教学理论自身的深化和完善。

我们不能仅仅以数学教学效果评估为切入点，模糊地判断教学活动是否有助于学生进步，或者课程是否涵盖了创新的教学元素，更需要深入研究在数学教学中教师应如何引导学生的成长。学生在即将学习的数学概念方面已掌握哪些知识？还需培养哪些关键的数学能力？是否有效地将数学核心能力融入课堂教学？学生是否真正理解了相关数学知识的实质？为回答这些问题，研究者需要对数学知识体系的构建和发展进行深入思考，从而发现学生现有的数学知识、思维方式和态度之间的差异，并设计出能够弥补这一差异的教学方法。只有深谙数学基本理念并能正确应用的研究人员，才能胜任这项任务。如果研究者在数学方面缺乏足够的洞察力，他们的理论或许在教学领域内看似周密无缺，但由于偏离了数学实质，其在数学教学实践中的应用将是徒劳无功的，甚至可能产生相反的效果。

（二）防止“数学学科中心主义”

在研究数学教学理论时，我们应避免过度偏向数学学科本身，而是应该灵活地吸收其他学科及普通教学理论的成果，并巧妙地将其融入我们的实践中。结合教育学和心理学的概念与数学实例，是在数学教育领域探索中的一种行之有效的策略。我们应当勇于引入外部的有益元素，并为数学教学理论的研究提供力量。这样做不仅可以拓宽我们利用这些成果的新领域，还能推动数学教学理论的不断发展，实现互惠的局面。对于数学教学理论的发展来说，“数学学科中心主义”同样是有害的。如果我们仅仅局限于数学领域的狭窄角落，可能会导致教学理论研究变得过于学术化，从而形成一个难以攻克的障碍。

（三）多群体的协同努力

数学教学理论的进步，离不开数学学科专家、教育理论工作者、数学教学法研究者，以及基层数学教师的共同努力。目前，随着教育领域的不断发展和基层教师学习热情的增加，越来越多的教师积极参与教育硕士课程。同时，众多数学专家也逐渐转变角色，并担任教育硕士生的导师。这些数学教授凭借其学科专长和丰富的研究背景，在指导教育硕士研究生时，能够将自身的研究经验转化为具体指导，从而提升学生的数学知识水平和数学教学理念的学术深度。他们为基础教育数学教师树立了良好的榜样。基础教育数学教师有望受益于这些积极影响，并在教学实践中引导学生进行数学知识的“重新发现”。

尽管许多高校数学教师在初高中数学的实际教学方面可能不如教育学硕士经验丰富，也可能对数学教学理论的研究不够重视，但他们自问：“作为资深高校数学讲师，我难道不懂得如何教育学生吗？”这种态度往往导致了“互评不佳”的现象，教育学硕士可能并不会高度评价那些有丰富教学经验的数学教授的授课质量，反之则亦然。因此，数学教授在发挥个人专长的同时，需要将教学理论的核心与实践相结合，认识数学教学理论在指导有效教学方面的不可替代性。

在引导教育硕士的同时，应该为数学教学理论的充实与进步作出特殊的贡献。

第三节 当代数学教学流派

本节将着重探讨心理学在教育理论方面的应用，因为教育学的进步主要经由哲学和心理学两个路径。心理学导向的教育理论派别众多，我们将有选择性地介绍适合数学教学需求的理论，比如，布鲁纳、奥苏伯尔、布卢姆、加涅等人的思想。通过对这些学派的背景、理念、本质，以及适用范围等方面进行分析，我们旨在不仅传授教育理论知识，更重要的是提供一种方法论，有助于人们理解和吸收各个学派的观点。

一、布鲁纳的教学论思想

（一）背景

人类一直置身于知识激增的浪潮中，苏联制造的人造卫星率先抵达宇宙空间，给美国社会带来了巨大的冲击，甚至各个领域都受到了影响。探究其背后的深层原因，最终指向了美国基础教育水平相对不足的问题。鉴于此，20 世纪 60 年代初，美国启动了一场旨在提升人才培养质量的教育课程改革运动。在这次教育改革中，布鲁纳的结构主义教育理念发挥了核心指导作用，他所著的《教育过程》一书充分展现了这一理论框架。

（二）内容

布鲁纳的教育理论围绕着三个核心问题展开：教育内容是什么？合适的教育时机？采用何种教学方式？其中，“教育内容是什么”被认为是最关键的问题，因此，布鲁纳的教育理论主要集中在课程理论方面。

掌握课程的根本架构。布鲁纳认为，教授课程时应着重让学生理解其根本架构。所谓架构是指各要素之间的相互关联。而根本架构是指那些在各学科中具有广泛适用性和影响力的结构，比如，核心概念、重要公式及基本定律等。相反，非结构化知识仅仅包括简单的事实和技能，以及可迅速解决问题的方法。那么，为什么要深入研究课程的根本架构呢？布鲁纳认为这是一种巧妙的“战略”。

在教育的早期阶段，布鲁纳主张深入理解学科的核心结构，他提出了一个独具创意的观点——三重“皆可”：即认为任何学科的核心原理都能够以适合不同年龄段的方式传授给所有人。他主张早期启蒙教育，着重强调科学知识的提前获取，并就这一观点的必要性和实施方法进行了阐释。在必要性方面，他指出，这样做能够使学习过程更加轻松，对未来学习十分有利，并且强调科学概念的学习需要通过不断地循环复习，不能期望一蹴而就。

探索式学习，对于“如何施教”的问题，布鲁纳的看法正是基于此法。那么，何为探索式学习呢？他阐述这一概念其实并不神秘复杂，即“探索并非专指追寻人类未曾觉知的新事物，更确切地讲，

是指依靠自我思考去直接获取知识的所有过程”。

二、奥苏伯尔的教学论思想

教育思想家奥苏伯尔运用其在教育领域的丰富经验，聚焦于对学习类型的多元分类，并创造性地提出了解决这一问题的策略。

（一）内容

在众多的学术领域内，学生主要通过领会呈现的观念、定律，以及事实资料的含义，来掌握课本上的知识。

学习的深度与效果：根据教学内容与学生现有知识体系的互动，学习过程可被归类为深度理解式学习或死记硬背式学习。通过观察学生的学习路径，可将学习分为被动接受式和主动探索式这两种模式。不论采取何种路径，学习都可能达到深刻理解的程度，也可能仅停留在记忆表面。奥苏伯尔支持深入探索式学习，对浅层的被动接受式学习提出了批评，同时也揭示了主动探索式学习的不足之处，并主张深度吸收型学习方式。

奥苏伯尔基于对理解型学习的见解，强调两项基本准则：渐进分化和综合协调。一是教学应从基础的概念性知识入手，逐步深入，为学生提供更加详细的具体信息；二是教学需要根据学生已有的知识框架，有序地调整教学内容，使之连贯并协调。这种调整主要体现在知识获取的连续性和并发性阶段，是知识结构分化的一部分。即使在教学资料不按常规纵向分层排列的情况下，整体协调和规划的原则仍然适用。奥苏伯尔主张使用“预先组织者”方法，以实施这两项核心原则。预先组织者是指那些涉及更广泛、更深入、更牢固的知识内容，用于在正式教学之前为学生进行铺垫。这有助于构建认知导向框架，促进学生深入理解。这一技巧不仅提高了学习效率，还减少了混淆和误解，因此，被认为是一种非常有效的教学方法。教学先导者的任务是精心引导学生的思维框架，为即将学习的内容建立切入点和基础。此外，他们还负责在学生理解现有知识之前，构建对已掌握知识与将要学习内容之间的联系通道，以便学生能够意识到二者的相互关联。

（二）实质

奥苏伯尔的教育理念突出了通过预先组织的方式，进而利用明确的学习路径传授语言知识，其核心在于根据学习者已有的知识基础来展开教学。

（三）应用条件

奥苏伯尔提出的有意义吸收型学习与讲授式教育适用于传授和掌握记叙性知识，其优势在于能够节省时间并促进知识在短期内的应用。然而，与探究式教育相比，它在培养学生深层次的迁移技能方面存在一定的不足。因此，普遍的看法是，在教学过程中应主要采用奥苏伯尔的讲授法，并结合布鲁纳提倡的探究法。

在采纳学习过程中须留意以下事项：推崇的有效吸收学习须紧紧围绕两个准则，一是学习内容能否得到实际应用并具体表现；二是能否对所学知识进行分类和系统性整理，补足所需的一般性概念，

教师需要为学生的探究之旅提供全面的准备工作。

三、布卢姆的教学论思想

（一）背景

布卢姆提出了独特的教学理念。他认为，教育工作者的责任不仅仅在于发掘那些有望在学术上取得高水平的少数学生，而应更广泛地帮助青少年有效学习在多元社会成长中至关重要的能力与知识。布卢姆进一步主张，学校的教学应为学生奠定未来终身学习的坚实基础，同时确保超过九成的学生能够享受充实和愉快的教育经历，并提高他们的知识迁移能力。他批评了将学生成绩按照标准正态分布划分的评价机制，认为这种做法是教育领域的一个失败之举。

卡罗尔在1963年提出的理论框架根植于学习战略的掌握。该模式主张，学生在各科目的天赋如果呈正态态势分布，那么为这些学生提供统一的教育方式，并在合理的成绩评定下，他们的学业成绩也将呈现正态分布。此外，天赋与学习成绩之间的关联程度将非常显著。相反，如果学生的能力天赋本身分布正常，而能够接受的教育内容和品质、投入学习的时间都能准确匹配每位学生的个别特质和需求，那么，大部分学生都有望在该科目上取得优异成绩。在这种情况下，投入学习的时间成为关键因素，其受限于三个要素：可供学习的时间总量、学习者愿意投入的时间，以及在理想情况下完成学习任务所需的时间长度。

（二）内容

布卢姆的理论贡献在四个领域表现得尤为突出：一是教学目标分层体系的构建，这是布卢姆研究的核心；二是学习控制论，旨在辅助所有学生达成教学目标；三是提出的教育评估体系，用于判断教学成果是否达标；四是开创性的新课程体系构建理念，为教育领域带来了新的思路。

1. 目标分类

布隆提出的教学目标分级系统展示了两种显著特性。一方面，它强调以学生的明确行为作为目标表征的依据。布隆主张目标的设定应当具有客观评估的可行性，而不是虚设不切实际的抱负。因此，只有那些明确可见的行为性目标才能进行评估。如“提高学生能力”是过于笼统的指标，难以做到具体衡量；“提高学生理解数学公式各元素关联性的能力”这样的目标则更容易被实际测评。另一方面，这套分级系统认为目标具有阶梯性，而不是简单地平行列举。目标应按照由浅入深、由简到繁的顺序依序分级，并且应分级展现出系统化和结构化的特质。在这一系统的视角下，教育目标的分级主要涵盖了认知领域。此分类法的设计旨在更好地评估学习成果的掌握情况，它是一种跨学科的目标分类模式。

2. 掌握学习

布卢姆的精研领域——掌握学习，不仅反映了他对教育本质的深刻理解，还凸显了其在教育理论方面的杰出贡献。他的理念以“无人掉队”的核心信念为基础，注重将实际情况融入教学改革，旨在改

善目前的教育状况。他提倡根据学生的特点和传统的课堂教学模式进行改进，目标是让超过 90% 的学生能够充分吸收和理解教师所传授的知识。因此，教学的使命是不断探索和应用有效的方法，以确保学生能够真正掌握所学科目。

3. 教学评价

在教育评估领域内，布卢姆以斯克里文于 1967 年提出的形势评估与总结评估理念为基础，强调了对学习过程的定量研究，并将这一评估方式纳入学习活动的过程。总结评估主要用于对学生进行分层阶段性评价，然而，在这一过程中，学生修正错误和进行重测的机会相对较少。布卢姆认为，评价或测试的核心目的应集中于如何有效地处理学生能力水平和教学成效的证据。因此，测试不仅仅是对学生知识掌握程度的衡量，更应该构建为一种即时矫正性的反馈机制，以检测每个教学单元的有效性，并根据实际情况进行调整。基于此观点，他提倡在教育实践中应优先考虑更为频繁的形势评估或形势测试方法，这种评估方法将课程分解为若干个小单元，每个小单元覆盖数周的学习内容，学习完毕后即进行形式测试。形式测试对于已经掌握知识的学生来说，具有巩固作用，它能够帮助他们验证当前的学习方法和努力方向是否正确；对于尚未完全掌握内容的学生，它可以揭示学习障碍和具体问题，引导他们了解需要进一步学习的知识或概念；对于教师来说，形式测试提供了宝贵的教学反馈，它揭示了教学过程中需要改进和调整的方面。

4. 课程开发

布卢姆根据教育的分级目标体系，以理论知识为基础提出了教学革新的核心框架。在这一框架的指导下，他进一步推导出课程变革的具体方案、观点与实践方式，形成了布卢姆课程发展理论。这一理论涉及课程的制定主体、内容和实施方法等方面。他主张应建立以课程为核心的机构，进而推进课程的构建工作，以此来改变对课程的传统认知。他提出将原本认为只有极少数学生能够完全掌握的课程内容，转变为一种几乎所有学生都有潜力学好的理念，将值得学生深入学习的内容纳入课程。在课程开发过程中，应重视提升学生的高阶心智活动，培养其对人文艺术的浓厚爱好。同时，也要强调社会互动等隐含课程内容的重要性，并训练学生掌握自主学习的方法，以便让更多的学生能够享受激动人心的顶峰学习体验。

第四节　数学教学的基本模式

在教育领域中，数学教育的呈现方式是对数学学科的实际体现，其构建是基于特定的数学理念和教育理念，并以实际操作为基础。这一体系揭示了教学活动的架构，以及在教学进程中的不同阶段，各环节和步骤之间的垂直互动关系。同时，它也阐明了构成实际数学教学的各种内容，包括教学目标、工具和方式等方面的交叉关系，这种体系展现了在特定的时空背景下，各种因素在特定环节中的组合模式，从而影响了教学结果的实现。

现代数学教育理念的发展已经在多方面取得了显著的进步，包括全面构建教育体系和详细总结教学实践，以及中间层面的教学准则的形成。作为连接理论与实践的纽带，数学课堂的指导方案理论正不

断地在教学实践中得到完善和提升。这一理论源自具体的数学教学实践，同时也在指导和塑造着具体的教学实践。每一位数学教师的教学行为都受到一定理念或实践经验所构建的教学模式的影响，无论是有意识的还是无意识的。

通过大量的实践，我们发现数学授课方式呈现出一种相对固定的理念结构，这种方式不仅能充当教学方式的媒介，还在静态层面上构建了一个明确且简洁的教学结构体系，类似于一个立方体的网络结构，层层递进，直观地展示了教学要素的整体配置。在动态层面上，与传统教学观念有所区别，这种方式具备了较强的实操性，它规划了一套有序的教学“路径”和连贯的教学流程，以指导教师在实际的教学活动中应用和操作教育教学理念。

在思考教育法的框架时，首先需要明确教学目标。这一框架应以简明扼要的方式来表达教学理念的核心，并通过清晰的讲解或象征性标志来体现。这有助于在思维中建立明确的结构，并提出了一整套详尽的操作方案，以将理念转化为实际操作。构建数学教育法则是在现有的基础性数学教育法的基础上，结合具体的数学教材内容和学生个性，并在实际操作中逐步发展而成。因此，在学习数学教育法时，我们应首先掌握基础的数学教学法，只有在此基础上，才能进一步深入学习。在我国数学教育改革实践中，研究者通过实验探索总结出了富含中国特色的数学教育法。接下来，我们将介绍一些基础的数学教育方法。

一、讲授教学模式

在我国中学阶段的数学教学实践中，一贯采用的是传统的满堂讲式教学法。这种教学方法的核心是以教师的授课讲解为主，教师负责阐述概念和传授知识，旨在培养学生的思维能力。学生则通过倾听、理解和掌握新知识进而提升个人理解水平。尽管在授课环节中对教师的依赖较高，但也不可否认互动教学，比如，课堂讨论和利用多媒体教具等教学策略的存在。虽然这些策略有助于教学过程，但并没有彻底改变以讲授为核心的教育模式。这种教学典范通常包括：备课、新课导入、知识讲解、知识巩固、总结回顾和布置作业。

这类授课方式的优势在于，教师在教学过程中扮演主导角色，负责引导课程的进行。如果教师能够精心准备每一堂课，将知识点分解，并按照逐步深入、由易到难、由具体实例到抽象理论的方式展开，提前预料学生可能遇到的困惑，并设计出切实可行的解惑策略，从而在课堂上有效地引导学生，以生动、准确的语言解释所准备的教材内容，那么，教师就能够取得出色的授课效果。

针对那些理论性较强、覆盖领域广泛或者是较为新颖的主题，授课模式显得格外合适，因为它能够在有限的时间内传递大量信息。此外，该模式同样适用于特定学科或具体章节的开篇课，有助于学生对即将探索的学术材料有一个整体的把握。

二、启发讨论教学模式

自古以来，人们广泛采用互动探讨的教学法。无论是中国古代的伟大教育家孔子与他的门徒之间所进行的精彩交流，还是古希腊哲人苏格拉底与其弟子的深入对话，都属于这一范畴。尽管他们的探讨方式各有不同，但探讨的核心常常是以“问题”为主线展开。这些问题可能由导师设定，也可能由学生提出，甚至可能会在探讨过程中自然产生。

在数学课堂的教学过程中，引导性讨论法具有独特优势。它适合导师引领学生集体探究预设目标，比如，为某一概念创立定义、从事实中总结结论、处理一项实际问题等。采用这种方法，教师的角色转变为引导学生围绕特定议题深思并推动他们的讨论，教师不再是知识和答案的传授者，学生也不再是被动地记录教师的讲述，而是在平等的互动讨论环境中自主地构建知识意义。这种引导性讨论法有助于培养学生的思维习惯，让他们理解科学探索的思维路径，并享受探索成果所带来的快感。

第二章　数学教学方法的重点

第一节　建立科学的认知结构和思维习惯

一、建立学生良好的认知结构

奥苏伯尔的学理架构阐释了学生如何在思维中内化和组织学科核心知识的过程，这表明学习者在吸收知识的同时也在其思维中对知识进行了重塑和反映。在我国数学教育领域内，曹才翰教授指出，在教学互动过程中存在三种独特的结构模式：一是指代知识的内在逻辑体系，即知识结构；二是与学习者在学习过程中的心理活动相关联的认识结构，包括感知、理解、思考、构想、回忆和集中等心理状态，以及每个人在性格和能力上的差异；三是将知识结构与认识结构融为一体的认知结构，它映射出学习者与知识系统之间的协调一致。因此，学生概念的形成和框架的构建都受到认知架构的影响，它涵盖了知识的各个要素，以及这些要素被整合成体系的过程。精于学习的学生善于在其心智中对所学知识进行有序梳理，这对于记忆和提取知识起到了积极作用，同时也便于新知识的融合和对既有认知架构的优化。如果一名中学阶段的学生具备完善且系统的认知框架，那么

他就奠定了坚实的数学基础，而这些数学知识的架构也应当是清晰、有序、条理分明，就像网状相互连接一样。因此，在教学活动中应重视构建学生优秀的知识架构，这不仅能够帮助学生在解题时快速提取必要信息，也有助于他们在学术领域取得更高的成就。实际上，具有扎实数学知识结构的学生不仅能够轻松吸收新知识，还能够将其与既有的知识体系进行融合和调整。针对高中数学教育，培养学生健全的认知框架有以下几个基础方法。

（一）重视数学基础知识的感知

数学基本概念的教学在数学教育中扮演着至关重要的角色。无论教学方法如何变化，学生对这些基本概念的理解和掌握都是不可或缺的。初次接触数学对个体的心理影响极为深远。因此，教学成败的一个关键因素在于学生首次遇到数学难题时，教师该如何有效地引导他们进行研究和吸收。在引入新概念时，教师应特别细致准备，以确保学生能够清晰地理解这些新知识的生成及使用场景，这意味着教师在授课过程中需要特别关注以下两个要点。

1. 防止学生感知的片面性

在传授数学根本知识时，教师需要先透彻钻研教科书内容，并全方位理解，进而策划出得当的授课策略，有助于学生对这些基础概念有一个彻底的了解。

2. 重视感知过程中的数学思维活动

我们认识到，数学的抽象性是建立在具体经验之上的，而这些抽象理论必须回归到更广泛的实际应用中。在教学过程中，这一过程可以分为：直观认识、抽象总结和应用实践。这个过程包含了学生在知识认识过程中的两次重要转变，这两次转变都受到了隐性数理思维的驱动。特别是在数学概念的理解阶段，尤其是第一次转变的过程，即从直观认识到抽象总结的过程，我们强调的是思维在这一阶段的作用。

（二）注意新旧知识的联系

学习者是否能够顺利掌握新的数理概念，主要取决于他们已有的认知结构是否包含有助于巩固这些新知识的元素。以矩形为例，若学生主要依赖的认知框架是平行四边形，但是对平行四边形概念的理解并不牢固，那么对矩形的理解将会建立在不扎实的基础上。同样地，对加法和乘法原理缺乏深刻理解，会在掌握排列组合时造成重大障碍。这一教学理念不仅受到了传统方法的重视（即通过回顾旧知来引入新知），而且在现代数学教育领域中也得到了额外的认可。美国著名认知心理学家奥苏伯尔在其著作《教育心理学》中提出：若将心理学全部简化为一个核心原则，他认为最为关键的是学生已经掌握的知识，意即教学应以学生当前的知识为基准。表明了他对学习旧知与新知关联的高度重视。我国的数学教育实践与研究经验也证实了新旧知识的联系对构建学生健全的认知架构的重要性，认为认知过程是通过对事物关系的理解来实现的。因此，在习得新知识时，我们不仅需从现存的认知架构着手，还需致力于该架构的扩充与优化。

（三）注意知识的系统化

在学校教室里，学生每天都在接触各种零散的知识点。长此以往，他们可能会忽视这些知识之间的深层联系，甚至遗忘了它们所构成的整体系统。但实际上，正是这种系统化的知识结构构成了学生认知架构的核心。因此，在教育过程中，教师有必要不定期地回顾过去所学的知识，强调知识之间的相互关联，并帮助学生将这些有机组织的知识内化，使认知能够从数量上的积累上升到质的飞跃。这样的教学方法不仅能够激发学生的思维模式，拓展其认知架构，还能建立完善的知识体系。在进行复习时，需要特别注意以下两方面。

1. 重视概念的系统与深化，提炼数学思想与方法

（1）通过明确概念的固有属性和彼此之间的关系，我们可以系统地整合概念结构。比如，可以扩展数字、公式、方程和函数等的运算范围，并通过制定清单来说明这些概念之间的内在和外在联系，从而使整个概念结构清晰可见。

（2）在阐述数学思想的发展脉络时，我们发现在高中数学教学过程中，一些数学概念逐步变得更加明晰和精确，另一些概念则在不断地拓宽其内涵。在复习阶段，有必要详细呈现这些数学概念的成长与发展历程。如考虑到距离这一概念，最初只涉及点与点之间，以及并行线之间的间隔距离，而随后将其定义扩展至点与面之间、不同直线之间，甚至并行平面之间的距离。

数理逻辑的基本观点及主要操作方法在于彻底掌握一系列重要概念的巨大飞跃和多种核心计算技巧。这意味着熟练运用各种运算规

则，进而从基础数字计算跨越至代数领域；利用集合论和初级逻辑学，推动从实验性质的几何到证明导向几何的转变；运用向量和坐标体系将传统几何学提升至解析几何学的高度。同时，函数学说的拓展见证了算术运算向变量运算的过渡，并展示了广泛运用的算法，如配方法、替换变量技巧、待定系数法等。在系统回顾的过程中，应着重精练数学的基础概念和操作技能，以进一步加强学生对数学逻辑和解题策略的理解。

2. 重视复习题的选配

在构建审题时，应注重提升学生的思维发展和能力培育，同时也需要着重强调系统性学科知识的掌握与巩固。具体而言，审题的构建应当具备概念化、典型化、具体化、一体化等特质，并且还应包含启示性、反思性，以及创新性等多种特征。

（四）通过比较以正确理解基础知识

通过比较可以揭示不同概念之间的差别与联系，并促进对概念的深入精细理解，同时也有助于学生定位错误的原因，若该教学策略得以恰当实施，其成效颇为显著。

二、养成学生科学的思维习惯

在进行数学思考或常规行动实践时，人们总是期望展现出优秀的思维能力，而这种能力的发挥往往取决于个人的思维素质。思维的产生和演进遵循着普遍存在的规律，同时也呈现出不同个体之间的差异性。这些个性化差异在一个人的思考过程中体现为思维素质，有

时也被称为思维智能素质。由于数学具有其特有的本质和研究方法，因此，数学思维具有独特之处。

（一）思维的深刻性

思考的深度通常表现为辨识本质的能力，这种能力使人能够洞察研究对象的核心，并理解事实之间的相互关系，具备发现研究材料背后隐藏的特定个案，并综合不同具体范例的能力。

1. 透过现象以抓住数学实质

在解决各种数学问题时，通常现象之间的因果关系并不明显，而求解过程也不总是十分透彻，这让许多学生对问题感到无从下手，以致于产生无助感。这主要是因为问题表面的复杂性和多变性导致学生迷失方向，他们未能抓住数学解题的关键所在。因此，在教学过程中，我们应重点培养学生多维度的问题分析能力，以及快速识别问题核心本质的技巧。

2. 注意数学结论的推广

深刻的思考体现在超越对具体观点的依恋，转而追寻普遍性原则。以特殊事例为起点，推导普遍理论，是培养这种深邃思维的关键一环。

3. 防止学生思维的肤浅性

思维的肤浅，即浅尝辄止的思考方式，常表现为对所学知识缺乏深入了解和对见解未经充分探讨的态度，它忽视了深入挖掘问题根本要义的必要性。在数理逻辑的学习过程中，学生往往不会对各类理论依据和公式背后的逻辑，以及其前提条件进行深度剖析，同时在解题过程中，也常常不能洞察到所采取方法的本质。为改变学生这种轻浮的思考习惯，教育工作者应引导学生不要仅停留在表面现象，而是鼓励他们自主深入探究问题的根本原理，以确保能够有效培养他们的深刻思考能力。

（二）思维的广阔性

思维的广阔性在于它蕴含了多元的视角和对各个领域的深入探究。就像圆球从各个角度看，都呈现一致的外形，没有任何事物能够一直只展现单一的一面而缺乏深度。数学教育需要引导学生拥有全方位的思维方式，这就意味着要从多个角度、多个方面审视问题。在学习数学的过程中，学生不仅需要理解数学概念的整体和主要性质，还需要仔细分析每个关键的细节和特殊因素，超越思维的限制，运用创新的思维方式来解决问题。然而，拥有广阔的思维视野也需要建立在丰富的知识和经验基础上。数学教学应鼓励学生建立跨学科的思维联系，并寻求多样化的解决方法。

观念的僵化是观念开放的反面，它通常表现为在解决问题时，无法跳出固定的思维模式，从而受到限制。这种情况在教育中经常出现，学生可能只是机械地记住了教科书上的知识，盲目地听从了老师的教导，或者沉湎于大量的练习题中而无法自主地拓展思维。如果这种状况长期持续，必然会导致思维的狭窄和局限，从而对学生思维能力的培养造成不利影响。

（三）思维的灵活性

在数学教学的过程中，我们强调培养学生灵活的思维能力，这种能力需要他们随时根据现实环境的变化做出调整，并且能够开辟新的解题路径，即使面对根深蒂固的思维定式，他们也能迅速跳出固有思维模式的桎梏。在高中数学学习中，学生的灵活思维主要表现在根据题目的要求快速制定解题方案，或者根据实际情况对解题方法进行灵活调整。他们还能够通过吸收新知识和积累经验，重新组织已有知识，发现数学概念之间新的联系，并且能够透过现象的表面看到其核心要点。为培养学生在数学课堂上的思维灵活性，我们提出了一些可供参考的建议。

1. 日常教学中从小处示范和训练

学生数学思维敏捷性的培养需要教师持之以恒的努力，这并非一蹴而就的事情。在日常教学中，教师需要细心观察每个细节，从最基础且最简单的方面入手，从而坚持不懈地进行学习。通过日复一日、月复一月的细致关注，对学生学习的影响至关重要，因此，我们所采用的教育方式应致力于促进这种经验的持续积累。

2. 教学阶段结束时对已讲过的例题重新探究

教材中提供的习题是为了辅助新授知识而设计的，因此，某些题目的解题方法可能并不是最简洁的。特别是当学生在后续学习中掌握了更多知识后，重新审视之前接触过的习题，往往能够发现其他的解题途径。如果教师能够有针对性地引导学生进行这种探索，从而将有助于提升学生思考的多样性。

3. 适当选取教科书之外的思维灵活性的题目

为加强学生思考的变通能力，我们应鼓励主要依据教科书的材料来教学。然而，由于高考固有的选拔与竞争机制，我们不得不寻求多样化和创新性的阶段性复习习题与总复习习题。在挑选习题时我们需要注意：（1）慎重挑选。教师应充分了解所选习题的解题方法和思考途径，最理想的是教师本人亲自实操过，根据教学纲要及学生的具体能力水平来选择适宜的习题，避免批量分发复习资料，这会令学生负担加重，且扰乱他们的思维，使他们应接不暇，失去方向；（2）紧跟教材所覆盖的基础知识、核心技巧与基本方法；（3）相较于课本上的习题，所选习题的灵活性应适度增强，且数量不宜过多；（4）题型要具备变化性与创新性。许多经验丰富的教师已经长期致力于搜集与整理复习题目，他们对筛选后的习题经过分级、分类，不断充实与更新，使选题时更加得心应手，从而复习成效显著。因此，我们每位从事数学教育工作的人都应借鉴这些宝贵的经验。

4. 防止思维的呆板性

刚性思维与灵活思维形成鲜明对比。通常情况下，人们习惯性地通过既定路径去重复理解所获得的知识和经验，从而形成了固定的思维模式。这种模式导致人们在面对问题时倾向于按照熟悉的程序和方法行事，遵循既有的规则，这就是刚性思维的体现。在数学教育过程中，刚性思维表现为过度依赖固定的分析与解决问题的程序或模板，而忽略了适应能力。

显然，思维模式的固化有其益处，因为它意味着当我们遇到类似的问题时，无须重新思考解决方案。在教学中，教师应该积极打破

这种固定思维的负面影响，引导学生探索新的解决路径，并鼓励他们采用非传统的思维方式解决问题，从而减少固定思维所带来的不利影响。

（四）思维的创新性

一般而言，创新性思维的核心在于个体独立构思并创造出独具新意且具有价值的智力成果。这种思维活动包括对现有知识、经验和思维材料进行创新性的重新组合和分析，通过高层次的抽象和概括，从而达到认知能力的最高水平。无论是涉及新观念、理论，还是假设方案等，都蕴含着创新的成分，体现了人们对于新思路的不断探索。当然，这种创新常常具有一定的社会意义，可能在最初阶段会被人们所忽视甚至误解，但其洞察力及所带来的成果最终都会得到社会的认可。

在中学数学教学过程中，教师应该将创新思维的价值彰显于学生数学探究的过程中，让他们培养独立思考、分析问题并提出解决方案的能力。这种激发学生发现和创造的方法也包括引导他们发现新的解决问题方式、进行微型发明和创作等多方面。因此，在教学中，教师有必要刻意培养学生提问的习惯，因为问题的提出不仅反映了思考的深度，也是创新思维的初步体现。教师不应设立过多的限制，特别是不应压制学生，因为学生在学习过程中提出的新理念和见解常常蕴含着智慧的火花，即使是微小的创意也应得到充分认可和积极的鼓励。在高中数学教学过程中，创新思维在面对知识上的挑战时，应综合运用所学知识，并持有积极的态度去克服难题，以实现完整的解答。

观念创意的对立面常体现为思想的守旧，这种守旧思想往往受到严格的规则束缚，思维僵化，缺乏自由，只是机械地奉行着既定的规则，导致创新能力的减弱。要突破这种守旧思想，一个有效的策略是鼓励学生频繁提出“为什么”的问题，这样可以在巩固基础知识和技能的同时，进一步提高他们的自主思考能力。

（五）思维的目的性

思考时追求目标导向性至关重要。这就意味着将注意力集中在既定目标上，以便做出明智的决策并找到最佳途径以实现目标。目标导向性思考常伴随对知识的渴望，学习个体不断深入探索问题，渴望建立知识体系。因此，目标导向性思考蕴含了积极主动的思维元素。在教育过程中，教师应明确设定目标，并营造积极的学习氛围。

第二节　培养基本的数学能力和思维过程

一、培养学生基本的数学能力

在当今的数学教学中，培养学生的基本操作能力与理论知识的吸收同样重要。知识和技能相辅相成，如果缺乏知识，技能就无从建立。因此，知识是提升操作能力的基础。然而，即使具备理论基础，若不通过充分理解和持续练习来灵活运用，也难以形成深层次的心理素质，从而实现技能化。因此，在学习基本理论的同时，有必要进行

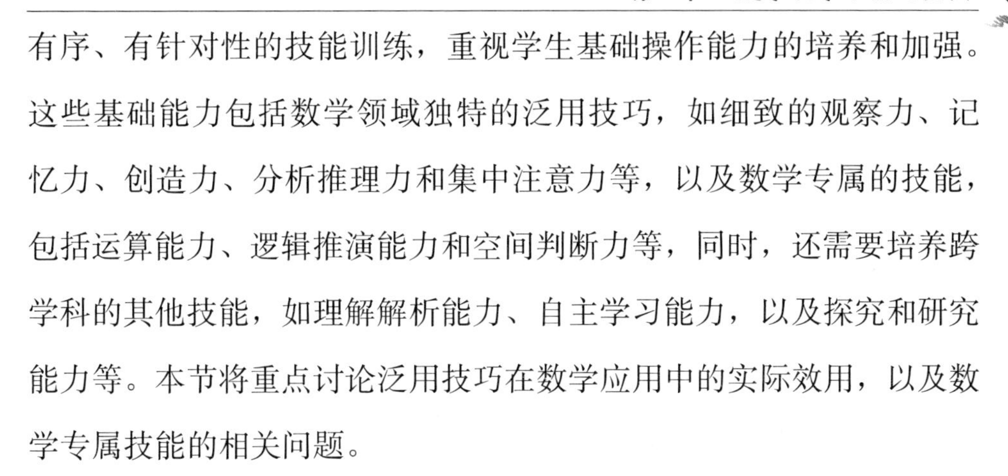

有序、有针对性的技能训练，重视学生基础操作能力的培养和加强。这些基础能力包括数学领域独特的泛用技巧，如细致的观察力、记忆力、创造力、分析推理力和集中注意力等，以及数学专属的技能，包括运算能力、逻辑推演能力和空间判断力等，同时，还需要培养跨学科的其他技能，如理解解析能力、自主学习能力，以及探究和研究能力等。本节将重点讨论泛用技巧在数学应用中的实际效用，以及数学专属技能的相关问题。

（一）培养学生的运算能力

在高等学校的数学课程中，涉及的数学运算主要包括代数方面的数字与表达式的运算、基本的超越函数运算、数集合间的运算，以及初级的数据分析与整理等内容。所谓的运算能力，指的是在上述各类数学运算中展现的能力水平，包括运算过程的精确度、合理性，以及迅速性。这种能力的形成依赖对运算技术的熟练掌握，并更多地体现在对运算规则、特点甚至公式的灵活运用，以及对观察、对比、分析、合成、概括和推理的能力，它是一种综合多方面技能的体现。培养学习者的运算能力，需要全面理解和掌握基础的运算知识与技术，并与其他学习能力相互结合。因此，对学习者进行运算能力的培养应遵循以下基础途径。

1. 引导学生准确把握并掌握数学基本概念

只有当学生深刻理解并熟练运用各项数学概念、定律、特性和计算规则时，才能执行精确的数学运算。若对相关数学理论缺乏充分理解，或者只懂得应用计算方法而对其背后的原理了解不充分，都会对运算技能的培养和提高产生负面影响。因此，培养学生正确理解和熟练掌握数学概念、定律、特性、计算规则等基本知识，是增进学生数学运算技能的关键途径。

2. 提高学生运算中的推理能力

数学计算的本质在于根据其明确的定义和固有特征，通过对给定信息和计算公式的推演，得出相应的答案。因此，进行数学计算的过程实际上是一系列的逻辑推断。要提升学生的计算能力，关键在于培养他们运用这些特性和定律进行逻辑推理的能力。

3. 加强运算的严格训练

“熟练出真知”这句俗语说明只有掌握了基础知识和算法技巧，才能理解其高超的运算法门。只有精通各种计算技能，才能领会其中的精妙之处。因此，在教学中，我们需要确立明确的目标和详尽的计划，系统性地加强学生的计算能力训练，这被视为提高运算能力的关键。为在学生心中深植这种计算能力的加强训练，应集中精力在几个关键培训领域：（1）系统性地加强口算及速算技能的培训。这类运算是掌握数学核心技巧的基础，培训应注重内容的精华，追求质量，并逐渐引导学生学会多样的运算策略；（2）有条不紊地对学生进行运算策略的培训。运算技巧熟练的学生能够灵巧地应用各种简便而高效的方法，因此，系统性地进行运算策略的训练对提升学生的运算能力至关重要。

（二）培养学生的逻辑思维能力

逻辑思维能力是根据广泛接受的逻辑准则，利用各种逻辑构造

和基础逻辑方法进行分析和论证的能力。在数学学科的学习过程中，学生常常通过观察积累直观信息，并且运用多种思维工具，比如，归纳与演绎、鉴别、由抽象到具体再由具体到抽象等方法，来理解数学的核心概念和原理，其中归纳与演绎是最基本的思维工具。在更高的思维水平中，归纳与演绎表现为逆向追根溯源的分析方法和正向推演结论的合成手段。这种能力被称为归纳演绎技巧，它建立在观察与比较之上，通过筛选核心素材和总结关键点，最终揭示事物内在的实质和规律性，体现了抽象和总结的能力。

数学命题的正确性必须通过逻辑演绎来确定，这种技能称为推论验证力。逻辑思维能力包括归纳演绎能力、抽象总结能力，以及推论验证能力。因此，培养学生逻辑思维能力的关键在于确保他们扎实的数学基础知识和必要的逻辑知识，并提升他们的归纳演绎、由抽象到一般化、推论验证等技巧。

1. 确保学生扎实地掌握数学的基本理念以及所需的逻辑技能

数学的基本概念是思维活动的根基，它们所构建的逻辑体系展示了逻辑推理的核心原理和技巧。因此，教育者在教学过程中应该特别注重这一点，以帮助学生稳步前进，并逐步掌握数学基础知识。同时，引入适当的逻辑学基础元素也是必要的，这有助于培养学生主动理解、吸收和掌握逻辑思维的要点和方法，以确保他们的思维过程正确清晰。在具体的教学实践中，及时启发学生理解概念的定义途径，正确归类概念，以及推导与验证的标准和策略，都能帮助他们避免逻辑错误，比如，分类不当或证明不完备，使其逐步深入理解数学知识的逻辑结构，从而提升逻辑思维能力。

2. 提高学生分析与综合、抽象与概括及推理与证明的能力

在数学领域内，无论是文字还是图解的表达，都需要运用结合分析和综合的方法进行论证，以寻找证明的路径。在课堂教学过程中，教师若能以特定例子为例，频繁且详细地解释这种逻辑思考方式，就能有效地帮助学生增强逻辑能力。从逻辑推理的角度来看，分析和综合不仅是将一个复杂对象拆分成多个部分进行研究，而且是将这些分析后的结果汇聚起来，并建立对整体的深入理解。在课堂上，如果教师能经常采用并解释这种思考模式，确立“拆分与合并”的理念，就能有效地加强学生的逻辑思维能力。同样，抽象和概括也属于逻辑思考的方式，在数学学科中，无论是形成新概念、推导命题、构建方程式还是提出归纳法则，都离不开抽象和概括的运用。因此，在教学过程中，如果能故意展现这种逻辑方法的思考流程，同样也能成为提升学生逻辑思维能力的重要手段。

3. 加强推理与证明的严格训练

在数学教学中，首先，教师必须确保从授课语言到黑板书写都要符合严格的逻辑原则，正确地实施推论方式，并将其作为学生学习的典范。这样的举措对学生的潜在认知影响巨大，因此，长期坚持这种教学模式至关重要。其次，教育者应培养学生形成严密的逻辑推演和论证习惯。通过课堂提问、练习及课后作业，及时发现并解决学生在逻辑推理和论证过程中遇到的挑战和不足，从而帮助他们不断进步。最后，教师需要时刻注意并指出学生在推理和论证过程中容易出现的误区，这同样也是在推理与证明训练中不可忽视的重要环节。

（三）培养学生的空间想象能力

理解三维构形，即对几何体形态的构思能力，其在数学领域内扮演着重要角色。对三维形态的构思，通常需要运用逻辑推理和数字计算来确立其轮廓、体积，以及相互位置的关系。因此，这种能力与思维的逻辑性和计算技巧密切相关。学生在学习的过程中，三维构形的理解能力是逐步培养出来的。通过观察、分析、合成实体模型，以及进行认图、绘图等实践，学生能够构思出基础图形，并将其扩展至整个三维空间的形态构想。同时，他们还需要对形态进行拆解和组合，以解决问题。这种能力的培养是一个持续增长的过程。

1. 促使学生学好有关空间形式的数学基础知识

在高中数学课程中，空间几何学占据了重要的地位。它不仅仅是关于纯几何理论的学习，更是涵盖了代数和几何的综合应用。在这一领域内，我们不仅学习了数轴、坐标系、三角函数等的几何解释，还深入探讨了方程与图形之间的关系，以及几何量的测量和运算。通过量化分析的方法，我们能够更深入地理解几何形状。几何形状和图形以其直观和形象的特点，有助于我们简化复杂的问题，化繁为简，从而促进学生空间想象能力的发展。

2. 利用对比和对照的方法进行教学

通过比较和对应技巧，帮助学生建立对空间概念的认知，并将数学表达式与几何图像相匹配，这对于提升学生的空间想象能力是至关重要的。比如，在教授立体几何时，可以对三维图形和二维图形进行对比，探讨它们的特性差异。同时，通过实物或模型与绘制的图形相互映照，使学生能够直观地分析，在解析几何的课堂上，结合数学公式和图形进行分析，以帮助学生掌握多种曲线的特征。

3. 加强空间想象力的严格训练

刻苦演练对塑造学生的空间想象能力至关重要。在高等学校数学课程中，为培养这一能力，需要选择大量的习题，有系统地引导学生参与，并不断激励他们提高技艺。同时，也要注重形象式的指导方法，巧妙运用真实物件、模型和生活场景中的具体事物，以激发学生的想象力。在条件允许的情况下，可以让学生参与制作教学辅助工具和模型，从而逐步培养他们对空间形态的观察、解析、辨别、综合和归纳能力，以确立空间概念。此外，还可以组织一系列实践活动，比如，测绘、设计和图表创作等，以加强学生的实际操作能力和空间思维水平。

（四）培养学生的记忆力

将学过的知识储存起来，可以根据需要或者特定条件重新呈现，这样有助于深入学习或解决问题，可以被视为认知架构的重要组成部分，为认知框架的扩展奠定基础。数学学习需要强大的记忆力，因为数学具有高度的概括性和严谨的逻辑结构。相较于其他语言，数学语言更凸显其特性，这给数学学习带来了一定的阻碍。如果基础知识没有牢固记住，那么后续内容将难以应对，因此，数学课程应注重培养学生的记忆能力。

1. 概括记忆

数学之所以具有抽象性，是因为它对各种概念进行了极端的概

括和总结；许多数学定律和方程式都是从对实际问题的高度概括中产生的。在进行数学教育时，利用这一特点能够有效地增强学生的记忆能力。

2. 模型记忆

考虑到数学的核心目标是研究几何形状和数值之间的关系，因此，它的实质非常贴近实际。许多数学理论都源于确切的实际情境，并且依赖清晰的范例。在教学过程中，遵循这一特点能够有效地帮助学生加强记忆。

3. 类比记忆

我们理解到在数学领域中，通过相似之处进行推断构成了一个重要的方法，许多数学定理、方程式和规律正是通过这种方式产生的。与此同时，这种推理方式在记忆数学内容时也扮演着非常重要的角色。

4. 递推记忆

在数学学习的过程中，许多规律性的递进结构能够有助于引导学生的思维，从而促进他们记忆力的提升。在教学活动过程中，我们应密切关注并不断优化这些结构，以提高学生的记忆能力。

5. 轮换、代换记忆

在数学领域内，若干定律、方程式和原则展现出其他领域所不具备的独特特点，这些特点极大地简化了我们对数学知识的记忆过程。比如，通过对字母进行简单的调整，轮换式和对称式就可以相互转换，这类技巧在课堂教学中应得到充分利用，以增强学生的记忆能力。

6. 逻辑组织化记忆

根据布鲁纳的观点，记忆能力的核心挑战在于如何系统地整理资料，也就是将信息按照一定的模式组织起来，这有助于增强记忆力。尤其是在整理数学资料时，应根据数学概念之间的内在相关性，制作分类表格和基于逻辑本质的推导流程图，这种整理的过程被称为“思考的处理”，即繁杂的书籍知识浓缩成易于理解的形式。如果在学习数学时不能发现各个部分之间的潜在联系，那就很难进行记忆和掌握知识。因此，在数学教学过程中，教师应向学生传授这种技巧，以提升他们对数学知识的记忆效果。

（五）培养学生的观察力

观察是一种针对特定目标的持续性知觉行为，人们通过这种行为积极地搜集信息，以达到理解世界、改善世界、习得知识的目的。在观察时，人们需要事先设定具体任务并制定相应的方案，根据方案利用各种感官吸收外界的多种刺激，逐步建立对监察对象的认知，从而在思考的辅助下提出问题并寻找特定解答。据统计验证，个人所掌握的知识中有 90% 源于监察。有人认为，观察是活跃思维的基石，是问题解答前的重要侦察研讨。还有观点指出，观察是验证科学理念的途径，是踏入科学领域的起始点。另外还有人形容观察为智慧的闪现，甚至将其视为“思维的感知”。这些观点都有一定的道理。在数学领域内，观察主要体现为对现实中数量关联和空间构型的观察，包括观察各类几何图形，各项数据、公式的构造及形态与特性，以及逻辑推演的过程。因此，在数学教学中，提高学生的观察能力可以通

过以下方式来实现：（1）关注形式构造的特征，因为数学探究的核心在于现实世界的数值联系和空间构型，所以数字和形状成为数学观察的重点，我们应利用这一优势来提高学生的观察能力；（2）观察数和形的变化规律；（3）观察条件和结论结构上的区别与联系。

二、合理分析数学的思维过程

数学与思考能力自其诞生之初便有着密不可分的联系。数学的发展和演进都依赖于思考，同时也需要通过思考展现其价值。此外，数学也成为锻炼智力的重要工具，卓越的思考技巧常常与数学联系密切，展现出其魅力和影响力。因此，数学教育的核心任务之一便是引导学生进行数学思考，并传授相关知识和技能。权威教育学家斯托利亚尔在《数学教育学》一书中指出，有效的数学教学需要重视学生思考能力水平、思考过程的进展、概念的建立，以及对教学内容的理解。因此，在教学过程中，准确解析数学思维步骤，有助于学生掌握基本知识，并培养其思考能力显得尤为关键。

（一）准确阐明概念的形成过程

数学的基本理论建立在数理概念上，这一架构不仅是中学数学教育的核心内容，也是数学推导工作的基石，同时也是培养数学思维的重要基础之一。因此，在进行数学教学时，正确的概念建模对提高教学质量、实现教育目标，以及促进学生逻辑思维和技能发展等方面至关重要。心理学研究揭示，知识获取的过程通常经历感知、领悟、巩固和应用等阶段。数学概念的学习与掌握也应当遵循这一过程。因此，在施教数学概念时，教师需要认真贯彻以下教学环节：引进概念的阶段（察觉、展示、形成概念）；理解概念的阶段（领会、掌握概念）；应用概念的阶段（强化、应用概念）。

（二）准确有效地阐明命题的教学过程

通过综合数理逻辑与连贯推理，我们能够揭示数学这门学科的整体框架。如果学生没有深入理解这些理论，他们将难以理解数学的深层逻辑关系，从而无法在数学领域取得进一步的提升。因此，高效的数学命题教育是至关重要的。这种教育不仅能够加强学生对数学结构的理解，还能激发他们的解题潜力，并且塑造出适合数学思考的模式。因此，确保数学命题教学方法的准确性和有效性对教学成果至关重要。

（三）准确阐明解题思路

物理学作为自然科学的重要组成部分，其理论体系是在解决众多复杂物理问题的过程中逐渐建立和发展起来的。正如著名物理学家哈尔莫斯所言："问题及其解决方案构筑了物理的根基与精粹，对这些问题的破解才赋予了物理学生命力。"在学习物理的过程中，解题教育不仅仅是基础环节，更是实现物理教学目标的核心途径。因此，在物理教学中，清晰地阐述解题的思考方法对提升教学水平、实现教学愿景，以及培养学生的物理思维能力具有至关重要的作用。

在高中数学的解题教学中，我们已经深刻认识到其包含了逻辑层面和心理层面的双重内涵。参与解题的学生不仅需要理解解题方法，更需要理解其中的原理。简而言之，教学不仅仅是告诉学生“怎样解题”，更需要深入探讨“为什么这样解题”。前者意味着教师要按照教材提供的答案顺序，逐一分析问题条件，并进行严密推理和精确计算，目的是引导学生得出正确答案。这样的教学手法运用了逻辑，能够使学生信服。然而，如果止步于此，学生所获得的只是模仿能力。在数学教学中，虽然让学生信服并具备模仿能力很重要，但这是远远不够的。通常把教材中的解题示例直接呈现出来，学生很难理解其中精妙的构思方式。因此，仅仅说明“怎样解题”是不够充分的。解释“为什么这样解题”就是向学生展示解题方法背后的思考模式，即在解题时应用了何种思维技巧。在教学过程中，应该展示这些思维过程，这种数学思考的过程有助于学生理解问题的探索性思维模式，从而培养他们的研究和思维技巧。

第三节　注重数学思想和数学方法的培养

一、关注数学思想和方法的必要性

美国心理学专家布鲁纳提出了一个观点：只要学生能够充分理解数学的基础概念并掌握数学操作技能，那么数学就会变得更易于理解和记忆。但更重要的是，深入了解数学基本原理，以及掌握其应用方法将成为通往更广泛学科知识领域的清晰路径。这种学习方式不仅不受限于具体的知识和内容，还能培养学生对普遍规律的认知能力，有利于他们将来解决类似问题。深刻理解和概括数学基本原则与策略有助于学生更好地掌握数学知识，同时也能够增强他们对数学抽象概念的整体视野。这不仅降低了学习数学的难度，也有助于他们在其他学科的学习中受益匪浅。布鲁纳强调，数学的传授与学习不仅仅是单纯的知识积累，其主要目的在于培养学生能够运用数学的核心思维和方法整合并解决具体难题，以此不断构建并加强数学能力。中国九年制义务教育中小学教学大纲清晰阐述："中学数学的基础知识主要涵盖了初步代数和基础几何的重要概念、法则、特征、方程式、公理和定理，并显现在这些知识背后的数学逻辑与策略。"由此可见，数学的思维方法构成了中国基础数学教育的核心部分，体现了义务教育的基础特性。

二、数学思想和方法的加强

（一）发掘教材中有利的数学思想和方法，有意识地反复渗透

数学教材呈现的丰富内容，旨在帮助学生掌握数学的关键概念和技能。然而，这些教材未能全面、系统地呈现数学的思维方式和方法，这可能会妨碍教师对数学基础知识和技能的系统传授及学生数学能力的培养。因此，在数学教育中，一方面需要提炼教材中的数学思想和方法，并直接向学生命名这些概念，以便逐步建立和巩固以名称为中心的理解；另一方面，需要将这些总结出的数学思想和技巧不断融入教学，并在过程中考虑学生的实际能力和教材特点，从而进行恰当的介绍。考虑到数学思想和方法同时反映了知识结构和认知结构的

特点，教学应从早期开始就促进这种融合，以帮助学生建立坚实的数学思维框架。

（二）重视教学中数学思想和方法在建立概念、概括法则、探索解题思路时的指导作用和渗透

在数学教学过程中，数学的逻辑与技巧扮演着引导的角色，它们不仅指引我们如何建立观念、整理定律、探索解答，同时也有助于学生更深入地理解这些数学概念。因此，在进行观念建立、定律整理、解答探索的同时，教师应积极向学生传授这些数学逻辑与技巧，以促进他们的学习和理解。

第三章　数学课堂教学方法的选择和应用

第一节　选择合理教学方法的意义

在深入探讨本章有关教学方法的选择与优化的论点之前，我们应该先停下脚步，认真思考一个基础且至关重要的问题：为什么我们要高度重视教学方法的选择？其中蕴含着怎样的价值和意义？下面我们将从教育的宏观角度对这个问题展开深入解读。

一、时代发展的需要

在当今科技不断更新换代的潮流中，尽管学校竭尽全力向学生传授各种知识，但是当青年学子离开校园、步入社会时，仍然无法避免地面临日新月异的陌生科技成果和新兴技术。面对这样的未知社会环境，只有那些具备敏锐的观察力、坚定的意志和自主学习能力的人，才能够迅速适应并掌握这些未曾涉足的知识领域。我国将“努力办好人民满意的教育”作为社会主义发展目标之一，国家对教育事业的关注和期望日益增强，这表明了国家的创新发展离不开人才的支持，而人才的培养需要教育的滋养。然而，教育效果的提升在很

大程度上取决于是否采用与时俱进、符合学生成长需求的科学的教学方法。教学方法的落后必然会对人才培养产生负面影响。捷克教育家夸美纽斯曾经表达过这样的观点："倘若学校沦为孩童心生畏惧之地，抑或是他们天性遭受扼杀的屠宰场，那无疑是教学方法过于刻板、机械，乃至削足适履所致。"

虽然我国广大教师群体多为基层教育一线的普通人，但古训有言"天下兴亡，匹夫有责"。每位教育者都肩负着时代赋予的重任，都应秉持着崇高的教育理想。教师要始终坚持以党的教育方针为指导，全面贯彻素质教育理念，并将个人职业追求与国家教育大计紧密结合。他们既需要怀揣着高远的目标和愿景，又需脚踏实地，用心做好日常的教学工作，在不断进取中提升自己，引领同仁，从而全心全意服务于学生的全面发展。这一切都需要每位教育者积极主动地更新教育观念，勇于变革教学模式。正如《基础教育课程改革纲要》中所指出的，教师的角色不仅仅是知识的传授者，更是学生学习方式的引导者和行为习惯的重塑者。教师应通过精心设计教学内容、形式、手段和方法，努力培养学生高效搜集和处理信息的能力、自主获取新知识的能力、批判性思维和问题解决能力，以及良好的沟通协作能力。只有这样，我们的教育才能真正适应时代的要求，从而助力学生的终身发展，并为国家和社会培养具有创新精神和实践能力的栋梁之材。

二、教师专业发展的需要

每位教师在其职业生涯中都不可能掌握所有的教学模式，同样地，要求教师在其整个教学生涯中只使用一种教学方法也是不现实的。事实上，对于初入教育领域的新教师而言，更明智和务实的做法是在职业生涯的早期阶段，有选择性地掌握一套适当且多样化的教学技能组合，并作为未来不断提升的基础。面对教育理念的不断更新、教育技术的迅速发展，以及学生群体特点和需求的持续变化，教师想要在教学道路上更上一层楼，从而打造能够触动学生心灵、激发学习热情的高效课堂，核心要素就在于教学方法的与时俱进和不断提高。

三、教学现状的需要

教师的职业成长道路犹如江河深流，需要持之以恒、不断前行，并以平静的心态去面对，因为唯有平静才能有长远的成就。如今，随着新一轮课程改革的推进，各种创新的教学方式不断冲击着教师的教学理念。目前，教学一线的教师呈现出四种典型态度：第一种是坚守派。他们守住了传统教育的阵地，将新思想、新方法视作威胁，固执地坚持“旧瓶装新酒”的观念，试图在保守中求稳，追求守成；第二种是盲目跟风派。他们随波逐流，追逐着教育潮流，热衷新概念、新模式，却只是浮光掠影，无法深入挖掘；第三种是统统践行派。他们机械地执行上级的指示，盲目奉行所谓的“灵丹妙法”或“标准模式”，试图使自己的教学与同事保持一致，但却忽视了教育的个性化和地域差异，结果往往事倍功半；第四种是求变思想派。他们明白故步自封对教育进步毫无益处，却在众多新理念、新方法面前感到迷茫，不知该如何选择。

第二节 选择教学方法的策略

一、对核心概念的解读

整合：整合是指将原本零散的元素有机结合起来，通过一种精巧的匹配机制，使它们相互交融、协同运作，从而形成一个价值丰富、整体意义远超过各个分散要素之和的统一整体。在这个背景下，本书所讲述的整合指的是对影响教学方法选择的各个关键要素进行系统分类，识别并控制它们对教学方法的影响，以促进学生在个人价值观塑造、知识体系建构和能力素质提升等方面实现全面发展。

优选："教无定法，贵在得法"，其核心在于灵活应变，因材施教。在当今教育领域内，最关键的是找到适合特定情境和个体需求的有效方法，而非死守一成不变的模式。因此，所谓的"优选"不仅仅是简单的选择方法，更是一种精心挑选和整合各种教学方法的过程。教师需要根据既定的教学目标、任务，以及对学生的观察判断，结合教学规律和基本原则，构建一个高度适应性和协调性的教学方法体系。这个体系并不是指单一的教学方法，而是从多种方法中提取精华，巧妙地融合在一起，形成一个多元互动的教学网络。在这个体系中，各种方法之间有着清晰的层级结构和主次关系，它们相互补充、协同运作、相互促进。这样一来，教师就能够在实际的教学中游刃有余，从而根据教学情境及时调整教学策略，以确保学生在规定的学习期限内用最少的时间和精力消耗取得最大的学习成效和能力提升。

发展：本书探讨的重点是学生的个体化成长过程。其中，所谓的“成长”包括多方面的含义：学生的整体进步、平衡和谐的全面发展、持续不断地学习，以及个性的充分展现。教师应该平等对待每一位学生，为他们的自我实现提供条件，同时也需要关注学生之间的个体差异，并尊重他们的独特需求。在品德、智力、身体和审美等各个方面全面促进学生的发展，以确保他们的可持续成长。

“学生为本”的含义：首先，教师应坚信教育的最终目标在于为学生提供服务，即“一切为了学生”。其次，教师应严守对学生高度尊重的原则，将其视为教育实践的根本伦理要求。最后，教师应认识到教育过程不应仅仅是传授知识、技能，更是应激发学生的内在潜能，并引导他们自主探索与学习的过程。

学生不应是被动接受教师教育的对象，更不应被视为他人意图服务或被利用的工具。他们每个人都拥有独立的内在价值，是充满主观能动性和社会联系的生命体。即使是最年幼的学生也是一个完整的个体，他们既是拥有独特性和自主性的学习者，又是积极参与人际关系网络的成员，同时也是生活中的亲历者和构建者。他们是历史文化传统的传承者和创新者，也是时代变迁的见证者和回应者。在全球化的背景下，他们扮演着公民和思考者的角色。

综上所述，构建高效的教学体系不仅关乎整合各种要素，更重要的是优化这些要素的选择。优选合适的要素，则成为提升教学效能的核心环节。这一系列努力的终极目标是学生的全面发展。在精心设计的教学方法系统中，各个要素之间相互交织、相互支持，形成了一

个层次分明、相辅相成的“三维教学目标”体系。

二、选择教学方法的原则和标准

在教学中，教师扮演着主导者的角色，他们的首要任务是根据具体的教学目标、内容、学生情况、个人特质，以及教学环境和资源等多方面因素，像匠人雕琢璞玉一样精心挑选和灵活运用最适合的教学方法。通过这样的精选，可以确保教学活动高效进行，同时也能促进学生深入学习和全面发展。这样的教学方法使课堂呈现出丰富多样、生动活泼的理想状态，实现了教学的“相对完美”。

（一）选择教学方法的原则

1. 科学性原则

教学方法的选定要立足国家教育方针、普适的教学规律，以及具体学科的实际特性。一般与数学学科相关的方法选择原则有以下几种。

（1）具体与抽象相结合；

（2）理论学习与能力测验相结合；

（3）紧扣定义定理与灵活选择做题方法相结合；

（4）演绎与归纳相结合；

（5）传承与创新相结合；

（6）兼顾集体所有人发展与单独个人发展相结合。

2. 适度性原则

有效的教学方法必须是“适度”的，而要评估其有效性，需要从多个角度来审视其与教学各要素的匹配程度。这包括对其是否符合教育政策导向和学科特性的审查，同时也需要考虑其是否能够因材施教，进而满足学生个体差异，以及教师专业水平，还要看其是否能够适应具体的教学环境和硬件条件。

3. 量力性原则

每位初涉教坛的新教师都具备独特的学术背景和个性特点，以及自己擅长的教学方法。这些内在特质使他们在某些特定的教学方法上天然就具备适应能力，在实践中也更加游刃有余。因此，新教师在尚未充分了解各种教学方法前，应当有针对性地选择几种自己擅长并能够灵活运用的教学手段。这样，他们可以根据教学目标、课程内容、学生特点和学习情境的不同，灵活调整教学方法，从而最大程度地提升教学效果。在选择教学方法时，新教师应保持实事求是的态度，审慎评估自己的能力水平，避免因贪求一时的成就而忽略了实际情况。然而，这并不意味着他们应该停滞不前。相反，教师应该在巩固基础的同时，不断拓宽知识视野，积极研究新兴的教学理论，并勇于尝试创新的教学模式。只有这样，他们才能避免只局限于单一的教学模式，从而逐步形成独具特色的教学风格，真正实现因材施教，让学生享受学习的教学艺术。

4. 灵活性原则

在教学过程中，科学性与艺术性同等重要。这种看法得到了教育界权威人士和经验丰富教师的一致认可。教学需要艺术性的原因在于，实际的教学活动需要像艺术表演一样，巧妙地运用多种方法灵活地展现知识。因此，如果教师在教学过程中固守一种教学方式，仅仅

依靠有限的教学手段，那么，学生很可能会对枯燥乏味的课堂感到厌倦，甚至对学习产生抵触情绪。相反，如果教师能够灵活选择并熟练运用多种教学方法，并根据具体的教学情境进行有机整合，制定出系统的教学方案，就能够取得更好的教学效果。

5. 参与性原则

教师在“优选”教学方法时，应以学生的参与程度为核心考量。虽然某一种教学方法理念非凡、设计精良，但却忽视了学生的存在感与需求，那么这一方法便只是空中楼阁，纸上谈兵，难以产生实际效果。因此，优选的教学方法还应具备激发学生活力、兴趣或斗志的功效，使他们由被动接受转变为主动参与，甚至进入对学习的沉浸状态，实现从知识接受者到课堂主导者的角色转变。这也是新课程改革提倡的“学生主体，教师主导”课堂生态的真实体现，是构建充满活力、互动共生的教学环境的有力实践。

（二）选择教学方法的标准

尽管新式教学方法层出不穷，但是它们的选用与应用一直遵循着内在逻辑与宗旨。这种内在逻辑包括：确保服务于教育目标、契合教学内容、顺应学生实际，并在任课教师的能力范围内操作。具体而言，在课堂准备阶段，教师首先需要明确教育目的，深入研究教材内容，准确把握学生的学情特点，然后在此基础上选择适宜的教学方法。同时，引导学生优化学习方法，促进个体知识的内化过程。最终，整个教学流程的设计与执行应以追求教学效果的最大化为目标，以确保课堂活动对学生全面发展起到积极作用。总而言之，这种教学模式可概括为：确立目标、研究内容、观察学情、协调教法、提升学法、简化并高效化整个过程。

影响教学方法选择的主要原因有教学目标、教学内容、学情这三点。杜威提出“从做中学”的理念，强调教学应该注重培养学生的思维能力。这一观点为现代教师提供了重要的启示。教学方法与思维过程有着密切的联系，每一种新颖的教学方法都是基于学生思维发展的构建，并且将思维的五个基本步骤直接应用于教学设计与实施中，形成了一套严谨的教学模式——五步教学法。五步教学法主要为：（1）营造真实情境；（2）催生实际问题，刺激学生思考；（3）搜集与整理知识资料，积累相关素材；（4）策划与实施解决方案，让学生自行规划解决问题的路径，进而有条不紊地执行方案；（5）反思与验证结果，有助于学生在试错中深化理解，提升判断力。

结合系统论中已有的各种理念，本书将选择教学方法的标准整合并归类成以下两方面。

1. 有利于形成最佳教学方法系统结构

教学方法系统结构的完整性表现在教学过程中各个要素和环节的有序运作，以及它们之间的协调性和规律性。这就意味着教学方法系统的建构并非仅靠单一教学方法，而是需要将多种教学方法有机融合在一起并且能灵活运用，以确保在层次构造上合理、在主辅关系上协调、在方法间相互补充和在协作的基础上形成系统结构。更进一步地说，教学方法系统的核心在于教师和学生之间的互动参与。任何被纳入系统的教学方法要素，都必须与教师的教学风格、专业素养，以及学生的学习特点和认知水平相匹配，才能确保教学方法系统的有

效运用。

2. 有利于发挥教学方法系统的最佳功能

教学方法系统功能的充分发挥主要依赖其内在结构，往往是内在结构越优良的教学方法系统所发挥出来的具体效用也就越好。同时，系统的外部环境条件也会影响教学方法系统的实际应用。

第四章　高中数学教学与阅读能力的培养

第一节　高中数学课堂教学设计

一、数学史料充分融入教学内容

在数学教学历史中，数学史资料涉及往昔数学难题、数学专家的传记，以及知识发现的沿革。

在我校高一数学课本中，我们广泛探讨了数学史上的各种资料。以高一下册的第七章为例，这一章节从一开始就引用了古代中国哲人庄子在《庄子・天下》中的一段名言："尺之长，日削其半，永不穷尽。"在讨论"算术数列求和"时，我们描述了年幼的高斯所创立的一种计算法则；接着，在"几何数列求和"的段落中，我们还记述了一则古印度王对国际象棋创造者颁发奖励的趣闻；至于涉及"极限"的第七节内容，则略述了古希腊哲学家阿基米德对数学界的贡献等。

《数学教育中的数学文化》一书指出，如果忽视了学生的学习意愿，只是单纯地向他们灌输数学家的历史，而不考虑学生的具体能力和实际需求，这样生硬地将枯燥的数学历史知识灌输给学生，实际上

是对《义务教育课程标准》的一种误读。

算术培养中的“算术”指的是所传授的知识，“培养”则牵涉到实际的教学行为。那么，应该如何进行有效的教学呢？怎样才能将算术理论的形式转化为适用于教学的形式呢？在传授算术知识、过程和能力方面，许多算术教育从业者已成功研发出了许多行之有效的教学技巧和策略。

如何才能普及数学的文化底蕴？在此，我们将问题提得更为细致：怎样才能把数学文化在史学和学术领域的表现形式转变为教学过程中的具体实践呢？

我们需要努力消除数学历史资料与课程教材之间的分离现象，同时，数学历史资料应该完整地融入课堂教学。然而，关键问题是如何实现这种深度融合，而不是简单地强行插入或拼凑。

在课程中，嵌入数学历史知识并不仅仅是像电视剧里插入广告那样简单，而是应该从学生领略数学文化的视角出发，恰当地运用这些历史材料，让学生亲身感受并重新创造知识的过程。

《数学通报》2014 年第 53 卷第 2 期中发表了题为《数学史融入数学教学的实践：他山之石》的文章。这篇文章提出了将数学历史资料整合到教学中的四种模式：复式、模仿式、适从式和构建式。最初的三种模式都是直接采用数学历史记录的直观方式。毫无疑问，直接将数学史资料融入教学是教师最为便捷的方法之一。在课堂教学中，利用数学历史资料能够有效地展示其文化重要性。然而，所谓的“构建式”教学模式在风格上更具有“创造性”，特别是将数学文化视角与数学史资料融入教育设计时。文章对构建式的解释是：“模仿或重塑知识产生、进化的轨迹。”构建式被视为数学历史应用的最高境界，其中包括产生式教育法。

二、引领学生欣赏数学学科之美

在《爱+恨数学——还原最真实的数学》一书中，引用了亚瑟·凯莉的看法："要简单扼要地概括现代数学的庞杂全景并非易事。这个全景，是指那种洋溢着雅致细节的数学整体风貌，而非那些单调重复且毫无意义、令人头痛的数学问题的累积。从高处俯瞰，数学宛如一幅壮丽的国度。而当你深入探索，细究其中时，你将会发现自己置身于一片由丘陵、溪流、江河、异石、林木，以及鲜花构成的奇妙世界之中。"

罗素曾经指出数学拥有一种超凡脱俗的魅力，但仅此陈述未能引导学生深入理解并体会这份魅力，如此这般，那言辞便等同虚无缥缈之语。

作为教育者，我们曾经是否思考过怎样将如何欣赏数学之美传授给学生？要激发学生对数学的热情，首先教师必须真正理解数学的吸引力。向学生展示数学的吸引力，是每位数学教师义不容辞的责任。

数学之美令人深思，其魅力在于严密的推理、简洁的表达、纯净的逻辑、创新的精神，以及强大的内在逻辑力量。这些特质恰如其分地反映了中学数学教学文化的本质。这种美感不仅体现在数学思维的过程中，也呈现在数学领域的发展、问题解决的过程中，以及数学本质的独特性上。

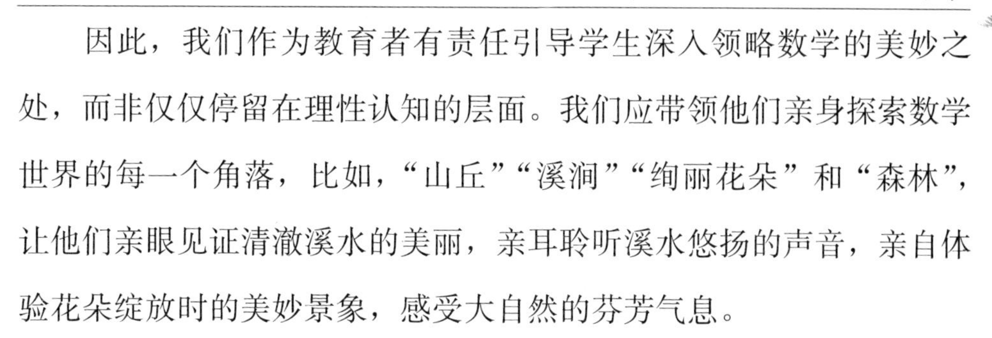

因此，我们作为教育者有责任引导学生深入领略数学的美妙之处，而非仅仅停留在理性认知的层面。我们应带领他们亲身探索数学世界的每一个角落，比如，“山丘”“溪涧”“绚丽花朵”和“森林”，让他们亲眼见证清澈溪水的美丽，亲耳聆听溪水悠扬的声音，亲自体验花朵绽放时的美妙景象，感受大自然的芬芳气息。

三、传递数学家的精神力量

17世纪，法国的数学研究者费马以法律顾问的身份利用业余时间专注于对数学领域的探索。作为数论的奠基人之一，他与同时代的数学家笛卡尔一同被认为是解析几何学的先驱。当人们对业余数学爱好者进行评选时，费马的名字并未出现在名单上，因为人们已经将他视为正式的数学研究者。

即使失去了视力，欧拉仍坚持在数学领域中进行探索；怀尔斯则投入了长达八年的心血，最终揭开了费马大定理的谜团。重要的是，要传达数学家坚韧不拔的精神，而非单调乏味的重复。在适当的时机，教师应该通过科学家对科学的追求、质疑、研究和批判的精神，自然地感染学生，避免死板和刻板的教学方式。

在教学过程中，我们有机会向学生灌输数学巨匠的精神风貌。我们可以精选展示数学家对科学真知的追寻，他们坚韧不拔、不懈探求的范例。同时，我们也可以呈现数学家追求真理、实证、逻辑推理，以及提出疑问和进行批评等方面的素材。这样，学生将有机会更真切地体验到数学家的人格魅力和精神风貌。

第二节　高中数学学科课程改革创新与教学目标

一、高中数学教学存在的问题

（一）课程设计存在滞后性

随着教学改革的不断推进，尽管许多中学已经对教程进行了改进，但教科书内容的单一性仍然很明显。比如，在安排课程素材时，仍然是按照教学大纲简明地界定学生需要掌握的知识点，而没有充分地考虑结合学生的实际生活经验，以及跨学科的知识运用。

（二）应用数学知识的意识比较薄弱

在《普通高中数学课程标准（实验）解读》中明确规定了数学教学的双重目标，一方面要推动学生掌握数学应用的知识；另一方面要培养他们对数学应用价值的认识。然而，在当前的教育实践中，许多高中学生仍然对如何运用数学知识感到困惑，并缺乏对数学知识在实际社会生活中具体作用的了解。

（三）教育模式阻碍了数学能力创新

随着我国教育模式的不断更新，虽然学制改革已经启动，但是，实际上改革的效果并不明显。问题在于，对评价教师授课和学生学业

水平的标准仍然主要依赖高考，且评估方式相对单一。这种评价体系在某种程度上导致了学校和教师过分注重提高学生的升学率，甚至只是简单地灌输应试思维，从根本上阻碍了学生在数学领域中创新能力的发展。

（四）教师教学水平存在差异

计划经济体系的制度框架深刻地影响了中学数学教师的教育质量，导致了他们在技能水平上存在显著的差异。资深的数学教师凭借着丰富的教育实践，能够采用多样化的授课方法，从而有助于学生积累大量的理论知识。这些方法能够培养在数学成绩方面表现出色的学生，但通常其在创造性方面表现欠缺。相反，年轻教师虽然更能迅速吸收和运用新颖的教学理念和技术，但由于教学实践的不足，往往无法为学生奠定坚实的数学基础。

二、改革高中数学教学的具体措施

在高中数学的教授过程中，为增进教学水平并促进学生全面素质的提升，对数学的授课模式需进行革新。

（一）正确认识数学学科

在执行高中数学课程指导时，教育者有必要引导学生正确理解数学的本质，既要清晰地传达其在高等学校入学考试中的重要性，也需要阐述其在我们日常工作与生活中所扮演的根本性角色。

（二）培养学生应用数学知识的意识

在日常的教学实践中，将数学理念贯穿解决实际问题的过程中，有助于学生树立应用数学的意识，并引导他们运用数学原理解决实际难题。通过将数学的抽象概念与日常生活联系起来，有助于学生提升数学知识的实际运用能力。

（三）提高教师教学水平，提升综合素质

在教育旅途中，扮演着指导者角色的教师，对学生在学术上的进步具有极其重要的影响。因而，加强教师的教学技巧培训，能间接促进学生教育潜能的发展。

1. 因材施教

在教学实践中，教师应该充分了解学生的具体状况，并深度挖掘课本中的教学资源，将教学目标与课程内容紧密结合，采用针对性强的教学方法，从而最大限度地帮助学生获取更广泛的数学和理科知识。

2. 完善教学方法，激发学生学习积极性

在教育改良不断推进之际，教师的授课宗旨也随之发生转变，由传统的满堂灌转变为启发性的引领，通过升级教授技巧，使学生的求知欲望得以进一步提振。

3. 对教师进行教育和培训

随着知识更新速度的不断加快，为确保教师的教学内容与时俱进，需要对他们进行持续的专业培训和进修，以不断提升和丰富他们的知识体系。此外，还应鼓励教师之间进行互动交流，以帮助他们获取最新的教学理念和技巧，从而全面提高整个教师团队的教学水平。

4. 完善教学评价体系

在中学数学教学中，改良评估机制至关重要，我们需要打破单一考试结果决定学生未来的局面，并且要转变依靠测试分数与录取比率来评价教师教学水平的现象。

坚持用考核分数和毕业升学的比例来评价教师的授课效果，将会导致教师难以摆脱面向考试的教学观念。

（四）把课堂还给学生，让学生做学习的主人

激发学生对知识的热情与养成优秀的学习行为模式至关重要，引导他们自发地探索、深思及应对难题，如此，方能令学生真正做到主宰自我的学习过程。

三、高中数学学科教学创新总目标与分类目标

（一）数学学科教学总目标

中学数学教学的核心目标在于巩固学生在义务教育阶段所学数学知识的基础上，积极促进他们数学素养的全面提升，这对于塑造未来合格公民至关重要。教学内容包括多个方面：（1）学生需要理解并灵活运用基本数学原理，构建关键的技能体系，同时要能领悟数学思维的核心；（2）学生还应逐渐意识到数学的抽象性、功能性，以及探究方法，培养数学思维能力；（3）在解决现实问题时，学生应从数学角度进行思考，以逻辑推理探索事物的本质，并在面对挑战时，能够运用所学理论和技术应对，全面发展计算能力、问题解决能

力、逻辑推理能力和创造性思维能力；（4）通过这一过程，学生将认识数学在社会发展和个人成就中的重要作用，并树立理性和尊重的态度，从而培养深厚的数学文化素养；（5）在探索和创新数学的过程中获得成就感，并将其内化为积极向上的学习态度和不断自我完善的实践习惯，这对提升学生的道德素质和辩证思维具有积极的促进作用。

（二）数学学科教学分类目标

1. 过程与方法

我们着眼于学生在探索数学学习途径、理解数学思维、应用数学策略的过程中，不仅要提升他们的交流协作技能、实际运用能力、逻辑分析能力、批判性思维，以及计算技巧等各方面的能力，还要帮助他们初步掌握数学中的抽象理论、研究方向和实际应用的基础方法。

2. 知识与技能

掌握形状与几何学、算数及其计算方法、函数分析学、数学实际应用、三角学变换、含参量方程和极坐标系统、数据归纳与统计概率论、空间矢量及其运用、数学建模，以及数学历史等多个领域的根本原理，使学生对数学的理解更加全面和深入。

主动探索和理解数学思想与策略对数学推理与问题解决具有重要意义。通过深入探讨、分解与构建问题，以及理解几何与代数的相互关联和分类等基本数学概念，能够更好地把握逻辑分析、坐标技巧、参数技术和等量代换等基本数学工具的运用。

根据既定的法则和步骤，可以采用多种方法，包括逻辑推导、运算和绘图；通过听、说和写的方式进行沟通交流；在学习数学的过程中，能够自我监控、查阅资料，改进学习方法；进而具备使用函数计算器和简单数学软件解决数学问题的基本能力。

3. 情感态度与价值观

学生应主动拓展对全球数学文化的了解，深入理解其历史渊源、思想发展和创新成果，从中体会数学家理性思维的美妙和智慧的闪光。在解决问题时，教师应引导学生不要害怕挑战，而是将其视为提升思维能力的宝贵机会，鼓励他们以积极的态度去克服困难，勇敢地面对挑战。同时，教师还应教导学生学会控制情绪，保持冷静和专注，即使遇到挫折也能够及时调整心态，重新振作，继续前进。

对于日常生活中的数学现象能产生浓厚兴趣，积极以数学的思维方式去探索，并能够发现、讨论和解决这些问题；在面对多渠道获取的信息时，具备整合社会和数学意义的能力，从而进行深入分析和探讨，以便做出决策并加以应用。

通过持续深入研究数学知识并解决一系列复杂难题，大大提升了学生对事物评估的敏锐度、自主解决问题的能力，以及团队合作意识。这一做法有助于学生建立对数学应用和整体概念的正确认知，并能够迅速培养出使批判性思维变成其思考方式的习惯。

培养学生全面的数学视角，使他们能够理解社会与数学进步之间的相互影响。认识到大多数数学理论涵盖了运动、变化，以及事物之间的相互联系与转化原则，从而更深刻地理解辩证唯物主义的理念。通过学习相关信息，领悟中国的国情和社会主义的发展成就，同时也能感受到数学美学的价值，进而激发学生的爱国热情和民族自豪感，加强他们对社会责任的认识。

第三节　高中数学学科教学模式与教学方法创新

一、课堂教学模式的概念与特点

（一）课堂教学模式的定义与演变

近年来，教学研究者开始聚焦于课堂教学模式的研究，这一研究方向对比课堂教学方法的探索更为晚期。自 1972 年乔伊斯与韦尔合作出版了《教学模式》以来，教学模式理论与实践的研究就一直处于热潮之中。通过深入了解教学模式的历史演进过程，有助于我们更全面地了解在当今教育领域中，各种丰富多样的教学模式。

1. 模式与教学模式

“模式”一词，源自英文的“model”，译为汉语后，除“模式”外，还有“典型”“模型”等同义词或近义词。尽管“教学模式”这一术语已广为教育界所接纳，并频繁出现在学术探讨与实践应用中，但就其名词解释，当代的教育学派和学者分为以下四大阵营。

（1）教学模式等同教学方法，只不过平常人们所说的教学方法都是“小”教学方法，而教学模式是成体系的“大”教学方法。

（2）教学模式是教师在教学过程中，需要遵循的某种程序，是顺着学生认知事物的前后顺序所设置的具体教学步骤。

（3）教学模式是对既定教学结构的复制或沿袭，或者说是针对某一特定教学主题及其相关子课题的传统教学结构进行深度整合与创新重构后新生成的教学路子。

（4）以美国教育家乔伊斯为代表的一派学者认为教学模式就是学校安排课程计划，选用教材和指导教师教学的理论依据。

虽然上述观点各自凸显了教学模式的一些特点，但都未能充分阐述教学模式的全面内涵。第一种观点将教学模式仅视为一种普通意义上的教学方法，然而，教学模式实际上是对多种教学方法进行深度统合与有机融合的高级形态。而在第二种和第三种观点中，教学模式被局限于教学过程的流程安排或教学内容的组织架构，虽然教学模式与教学过程的步骤设计及教学内容的层次构建密切相关，但是将其仅仅归结于教学过程的线性顺序或教学结构的静态框架之内，显然是不够准确的。

通过对日常教学活动的构成要素与组织形态进行分析，我们可以清晰地看到其呈现出两种明显的结构：静态结构与动态结构。静态结构由教学、教师和学生三大基本要素组成，构成了教学的组织框架，而任何一项教学活动的实施都必然离不开这三者之一。动态结构则强调教师在教学过程中的主导作用，包括对教学方法的灵活运用和课堂教学程序的具体安排。无论是静态结构还是动态结构，其建构与运行都需要明确的教学理论指导和具体教学目标的引导。这也表明，适用于整个教学过程中的教学模式并不仅限于那些长期不变的教学理论和具体方法。

教学模式的概念并非难以言喻。它是经过长期的教育实践所积累和提炼的产物。通过对复杂多变的教学现象进行深入观察、理性思考和系统总结，运用严谨的数学思维进行高度概括和抽象，从而最终形成了一套完整的教学范式。这套范式是各种教学理论方法在发展到一定程度后的具体体现和演化。

2. 教学模式的演变

尽管“教学模式”这一术语直至20世纪70年代才在学术界正式被引入，但回顾教学历史，我们会发现早在很久以前，教学模式的雏形就已经存在，只是当时没有被赋予这个特定的名称。

在古代的教育实践过程中，传授式教学模式曾是一种极为普遍的教学方式。其特点在于严谨的操作步骤，通常包括教师的讲解、学生的听课、诵读和巩固训练等环节。这种模式呈现的一个显著特征是其程式化的性质，以及明显的机械化和重复性。在这种教学模式的影响下，教师通常严格按照教材内容进行讲解，学生则被动地接受知识，他们更倾向于机械地背诵，然后死记硬背，复述课本内容，很少有学生对所学知识进行独立思考，从而产生自己独特的见解。

17世纪，教师开始思考如何在课堂中应用更直观的教学方法，并试图将自然科学融入常规课程。这个时期也标志着班级授课制度的初步推广。夸美纽斯提出了将课堂打造成一个综合性学习空间的理念，包括讲解、质疑、解惑和练习，旨在提升教学效率和学习成效。同时，赫尔巴特以统觉论为基础，深入研究了人的心理活动规律，揭示了知识内化的心理机制。他认为，学生必须将新获得的经验与已有的心理统觉团建立起有效的联系才能算是真正“学会”。基于这一理念，赫尔巴特提出了著名的“四阶段教学法”，包括“明了”（清

晰阐述新概念)、“联合”(将新概念与旧知识联系起来)、“系统”(梳理知识体系，形成整体观)和“方法”(教授应用知识解决问题的途径)等四个步骤。随后，他的学生席勒在此基础上将原有的四步拓展成了五步：预备、提示、联合、总结和应用。

在谈及不同的教学模式时，我们能够明显观察到它们存在一个共同的不足：在设计和实施的过程中，缺乏对学生主体地位的充分尊重和发挥。直到19世纪20年代，随着第一次工业革命的结束及大工业生产体系的崛起，社会开始推崇标准化作业和流水线思维，特别是在工人阶级中影响广泛。这种对规范和秩序过度强调的传统教学模式受到了巨大的挑战。人们普遍认识到，僵化刻板的传统教育无法适应社会快速变革的环境，更无法培养出新一代所需的独立思考和创新精神。正是在这一历史转折点上，杜威的实用主义教育观引起了国际社会的广泛关注。在实践中学习的理念，使人们开始积极改革传统的教学模式。

杜威的实用主义教学模式颠覆了以前的单向知识传授方式，这种模式对赫尔巴特式教学体系的补充和革新显得尤为重要。赫尔巴特式教学过于强调教师的权威，从而忽视了学生的主体地位和主动性。杜威的教学模式则强调了学生的参与和主动性，将活动教学和培养学生成为学习的主人等现代教育理念引入了当时的学校教学。这种变革对全球教育改革产生了深远的影响，促进了教育模式的现代化和进步。

然而，实用主义教学观与现代教育理念之间还存在一定距离。实用主义教学模式过于强调将科学研究与教学实践等同对待，这在一定程度上减弱了教师在教学过程中的引导作用。它过分追求直接经验的即时性和直观性，试图通过“做中学”来实现知识的即时转化与应用，使学生在面对抽象概念、理论框架等需要间接认知与理性思维的内容时感到困惑而无所适从。到了20世纪50年代，随着教育理论与实践的进一步发展，社会公众及教育界对实用主义教学模式的疑问日益增加。

随着现代社会迎来新一轮科技革命的汹涌潮流，教育体系不得不放弃传统理念和老旧方式，迫切需要进行革新，以适应当今社会发展对人才素质的急迫需求。因此，近年来涌现出许多前所未有的教学模式。

（二）课堂教学模式的特征与结构

课堂教学模式构建了课堂教学活动的框架，是每位教师进行教学的基础。教师的实际教学策略都是建立在某种教学模式之上的。深入、全面地了解课堂教学模式的特征与结构，有助于教师更好地发挥其专业素养和教育智慧。教学模式是一个具有明确目标与强大功能的系统，其特点与运作机制独具一格，与其他管理模式有所不同。其主要特点可以总结如下。

1. 操作性

每种课堂教学模式都必须具备操作性，这就意味着它们应该构建清晰易懂、逻辑完整，并且易于实施的教学。只有当教学模式具备这些特点时，教师才能够轻松地掌握并灵活应用于日常教学实践中。相反，如果某种教学模式缺乏操作性或者操作性较弱，那么它很可

能无法在当代教育体系中得以广泛推广，也就难以促进教育的快速发展。此外，操作性还表现在教学模式的应用方式上，它需要遵循科学设计和验证的教学流程，严格按照预设的教学策略、方法和评价标准，有条不紊地推进教学活动的展开。

2. 指向性

每种课堂教学模式都是围绕着特定的教学目标进行设计与展开的，而要确保某种教学模式发挥最佳效果，必须具备相应的实施条件。正是因为这样的理由，有人认为世上不存在一种适用于所有教育目标的普遍性教学模式，也就无法只有一个标准，可以判定何为最佳课堂的教学模式。

3. 完整性

课堂教学模式的运行经过对教育理念的深入研究和反复实践验证，确保每个环节都具有完整性、严谨性和有序性。

4. 开放性

随着教育理念的不断进步和教学实践的不断丰富，旧有的课堂教学模式也在逐渐改革和完善。课堂教学模式一旦确立，其核心架构就趋于稳固，但这并不意味着其构成要素和内在结构会永远不变。课堂教学模式就像是一块待雕琢的玉石，还有许多方面需要进一步完善，其成熟需要通过反复实践验证和及时调整。就像赫尔巴特的四段教学法，它在后续的教学实践中逐渐被改良，最终演变成了五段教学法。

5. 稳定性

事实上，每位课堂教学模式的创造者和使用者均会深切认知到稳定性对课堂教学模式实践应用的价值。

课堂教学模式并非偶然形成于教学实践中，而是由教育理论的引导，以及教育研究者对大量教学实践经验的整而得来的。在实验探索中，稳定性是确保其成果长期科学有效的基础，而课堂教学模式也是如此。缺乏稳定性的教学模式根本不适用于现代教育体系的广泛应用。然而，课堂教学模式的稳定性并非绝对固定，而是相对稳定的，随着社会经济的发展而持续变迁。教育愿景的演变、技术驱动的教学技术创新，这些因素无不在推动着课堂教学模式细节的不断革新。

6. 灵活性

课堂教学模式的稳定程度并非绝对，这使其具备了一定程度的灵活性。首先，不同的教师在运用相同的课堂教学模式时，会融入各自不同的教学方法和教学步骤，其次，不同学科的特性也会影响课堂教学模式的具体构建，使其呈现微妙的差异。为确保课堂教学模式能够与不同学科、不同教学情境相适应，通常设计时不会严格依据某一学科的具体内容作为框架，而是提供一些通用的方法和原则，以供各种教学活动的运用。

二、常用的几种课堂教学模式

（一）掌握教学模式

1. 概念界定

基于卡罗尔“学校学习模式”的深厚理论基础，美国芝加哥大学的布卢姆教授创设了“掌握教学模式”。

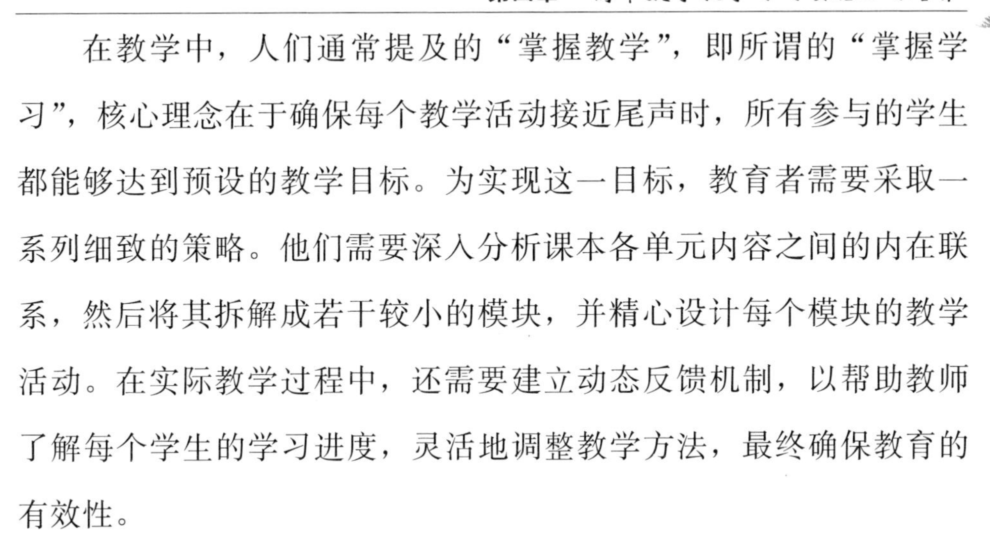

在教学中，人们通常提及的“掌握教学”，即所谓的“掌握学习”，核心理念在于确保每个教学活动接近尾声时，所有参与的学生都能够达到预设的教学目标。为实现这一目标，教育者需要采取一系列细致的策略。他们需要深入分析课本各单元内容之间的内在联系，然后将其拆解成若干较小的模块，并精心设计每个模块的教学活动。在实际教学过程中，还需要建立动态反馈机制，以帮助教师了解每个学生的学习进度，灵活地调整教学方法，最终确保教育的有效性。

2. 操作程序

掌握教学的核心目标是确保每个学生都能够扎实掌握所学的全部知识点。因此，其操作程序并非简单地直线推进，而是呈现循环往复的特点。只有当所有学生都达到学习预期的效果时，教学才会顺利过渡到下一个阶段。现代掌握的教学模式可以概括为以下四个循序渐进的阶段。

（1）教学准备

备学生。在上课之前，教师需要充分了解学生的现状，包括认知水平和知识储备等方面。为此，教师能够通过一次或多次小测试来全面了解班级的学情，以便把握每个学生的当前情况。这些测试不仅能够帮助教师了解学生的学习倾向和态度，还能够评估他们的自信程度。这样的了解有助于教师制定差异化教学策略，进而为每个学生量身定制既符合其能力水平又具有挑战性的学习目标。这种个性化的教学方法为后续的教学活动提供了高效且个性化的基础。

备教材。为了更好地了解班级学情，教师应该对教材进行详细分析，将其拆解成多个学习模块，每个模块分别代表着知识的不同层次，并为每个模块匹配适当的学习任务。在备课过程中，为及时了解学生对各个知识点的掌握情况，教师可以在每个学习模块的末尾设计一个约 15 分钟的“模块学习情况检视测验”，以及时获取学生的反馈信息。这样的设计不仅不会打乱正常的教学进度，还能够为教师提供有益的反馈，从而指导后续教学策略的灵活调整和优化。

（2）集体教学

与传统课堂教学一样，掌握教学也是以集体教学为主要教学形式，但是两者相比，以掌握学习为原则的课堂教学会更加注重学生在课堂学习中的主体地位。

（3）适时反馈

教学的有效性在于持续反馈。即使教师教学水平再高，在班级中，仍会出现学生学习进度滞缓的现象，且原因各异。这种情况会影响教师安排下一步的教学计划。因此，教师需要通过考试评估学生对知识的掌握情况。每个考试成绩欠佳的学生都能从试题中反映出其知识掌握的不足之处。

（4）及时改进

改进教学并不是简单地在课堂上重复之前未掌握的内容。相反，教师应该组织课后复习和个性化指导，利用教材、辅助资料和多媒体资源帮助成绩较差的学生弥补知识漏洞。在复习结束后，应立即进行与上次考试相同或相似难度的评估测试，以便于再次检查这部分学生的学习情况。参加第二次测试的学生可以只针对上次答错的题目进行重做，然后由评卷教师统计两次测试中答对的总数。一旦学生的成绩

达到既定的掌握标准，就可以确定他们已经成功地克服了困难，并跻身于“掌握知识”的行列。

（二）范例教学模式

1. 概念界定

德国历史学家海姆佩尔提出的“范例教学”理念，经过蒂根宾会议等论坛上的广泛讨论和一系列实践的验证，逐渐演变并成为范例教学模式。这一模式在20世纪中期的50年代至70年代期间，在德国得到广泛应用和积极发展，至今仍对全球教育理论产生着深远的影响。

建立范例教学模式时，我们可以从心理学中的“迁移”概念出发，着眼于通过具体、典型的案例帮助学生更快地理解相关概念。这种模式弃用了单纯的知识灌输和机械的口头教导，而是鼓励学生学以致用，将所学知识灵活应用于不同情境。通过这样的方式，能够激发学生的思维转变，并培养他们的实践能力，从而有效缓解学业压力。

2. 教学原则

（1）基础性原则

范例教学的基础在于对学生现有认知水平的理解，并把培养学生的发散性思维视为总体目标。基础性原则要求教师把教学的重心从学科知识本身转移到学生个体，要求教育者投入更多精力来观察学生的成长过程，引导他们理解各种基本法则、重要定义，以及它们之间的架构联系。

（2）基本性原则

教学的基本性在于以范例为核心。所选范例须具有高度代表性，能够充分展现出同类知识的本质特性和共同规律。同时，范例的选择应当方便展开教学，并且最好是学生比较熟悉的事物。

（3）示范性原则

根据基本性原则来达成基础性原则的目标就是示范性原则的实践。基本性原则确定了示范教学的内容，基础性原则规定了示范教学的方法，而示范性原则保证了教学方法与内容之间的协调一致。

三、高中数学学科主要教学方法

（一）中学数学的主要教学方法

1. 讲授教学法

讲授教学法是指教师依据教学目标和学生现有的认知水平，同时结合对课程教材的深入理解，以备课为基础，以讲授为主要手段的经典教学方法。

源自原始社会的讲授教学法，如今仍是我国高中数学课堂的主要教学方式之一。这一方法的核心是教师依赖其优秀的口头表达能力，假设学生能够通过倾听来掌握所讲授的内容，然后单方面地向他们传授知识。这种教学方法能够有效发挥教师的引导作用，使其在短时间内向学生传递大量信息，并且教师可以对所讲内容进行编排。因此，能够在一定程度上影响学生的价值观。然而，任何方法都存在其局限性。长期使用讲授教学法可能会扼杀学生的主动探索精神和

创新潜能，因为它忽略了学生之间的差异，与因材施教的理念相悖。若使用不当，很容易陷入“填鸭式”教育的陷阱，从而导致课堂变得毫无生气，只是纯粹的信息堆砌场所，缺乏互动与活力。

2. 读读、议议、讲讲、练练教学法

读读、议议、讲讲、练练教学法就如字面意思所述，是一种集自学、深度阅读、思维激荡、集体讨论、精要讲析、实践演练等优点于一身的多元教学方法。其中，“读”是指引导学生自主阅读，从表面理解逐步深入，并培养其自主学习的潜力；“议”是鼓励学生自由交流，分享所学，取长补短；“讲”则是教师在学生遇到困难时及时解惑，阐明要点，帮助学生厘清认知；“练”则是知识内化的实践阶段，通过反复练习，巩固数学理论，培养实际解题能力。正确使用这种方法不仅能够有效激发学生学习的积极性，减轻他们的学习压力，使课堂氛围更加活跃，还能全面提升学生的综合素质。

这种方法与讲授教学法一样，也有一些不足之处。首先，由于数学的高度抽象性，以及由于部分学生基础知识的薄弱，致使他们在面对难题时难以独立解决，这往往会使那些学习进度落后的学生逐渐产生消极情绪。其次，受制于有限的课堂时间和师生比例过于悬殊的现状，教学中的“议”难以监督管理，常常徒有形式。

使用读读、议议、讲讲、练练教学法时的注意事项。

①教师要为学生选择那些可以读通、读懂的资料，还要教会学生正确的阅读方法，指导学生在阅读时带着探索性的问题和明确的目标。

②教师要在班级营造一个积极和谐的氛围，并保持警觉，随时准备给予精准指导与正面干预。

③教师的“讲”既要条理清晰地讲授难点，还要蕴含新意，以激发学生的学习兴趣与探索欲。

④教学练习应有难度梯度，要兼顾不同学习能力学生的个性化需求。

（二）教学方法选取的原则

自古以来，每个时代都有因不能顺应时代发展而被淘汰的教学方法，每个时代也都有为适应学生发展需求而诞生的教学方法。可以预见的是，在未来仍会有更多的新教学方法被创造出来。

教师所采用的教学方法是否得当直接影响着课堂效果的好坏。历史研究表明，只有当教师综合考虑各种教学要素，并在严谨的教育理论指导下，选择正确的教学方法时，才能最大限度地提升教学效果。相反，若选择不当，必然会给教学实践带来负面影响。

教学方法的选取要紧扣以下原则。

1. 总体把握原则

在考虑选择教学方法时，首先需要关注教学内容与教学方法的匹配度。鉴于教学目标和教学难点的多样性，教师应坚持灵活应变的原则，根据实际教学需求科学选择能够激发学生兴趣、与教学内容特点相契合的教学方法。

2. 师生共明原则

教学方法的选择要以教学主体的需求与实际条件为根本。

（1）教师能够使用

选择与教师个人专业素养相匹配的教学方法，才能够催化出教学活动的最大效能。

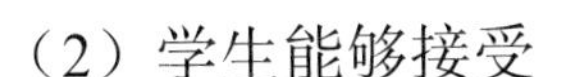

（2）学生能够接受

唯有教学方法符合学生的学习习惯与内在成长规律，教育的效能才得以充分释放。

现代教学实践中，应该倾向于采用重视启迪思考和学生自主探索的方法。这样做的目的在于激发学生的主动求知欲，并培养其终身学习的意识，以便更好地应对未来社会发展中的各种挑战。具体而言，中学低年级的学生，由于他们的抽象思维能力尚处于培育初期，可以在教学活动中融入更多直观演示和翔实讲授相结合的方式。而随着学生逐渐成长，抽象思维能力不断发展，教师能够逐渐放手让学生主导学习，把自学和讨论作为主要的教学方法。需要强调的是，教师在选择教学方法时不应该被动地适应学生现状，而是应该积极寻找并采用那些能够有效激发学生自主学习潜能的方法。教师应该勇于尝试，勇于创新，这才是现代教师该有的风范。

第四节　高中数学阅读能力的培养策略

培养高中生的数学阅读能力有助于学生更好地理解复杂的数学概念与逻辑推理过程。教师应有计划、有目的地组织学生阅读数学文献，提高其解析数学文本的能力。

一、激发学生数学阅读的兴趣，培养他们良好的数学学习习惯

激发学生对数学阅读的兴趣是培养他们数学阅读能力的首要任

务。高中生通常怀着强烈的求知欲望，当他们被某门学科吸引时，就会全身心地投入其中。教师应充分把握学生的这种心理特点，以有效引导他们进入数学阅读的世界，从而轻松地掌握其中的知识和技能。

兴趣是最好的老师，而兴趣的培养是促使学生积极挑战难题的关键。相较于轻松愉快的小说和杂志，阅读数学教材的过程常常被视为较为深奥和乏味。因此，教师在教学中应设法创造出具有适度挑战性的情境和问题，以激发学生对数学阅读的兴趣，进而唤起他们的学习热情。

数学的起源可以追溯到日常生活中人们对各种普遍现象的思考。在高中数学中，许多问题都源自对生活中各种现象的思索。高中数学教师在传授知识时，应该贯彻“数学源自生活，成于实践”的教学理念，把现实世界中的问题与数学抽象概念相结合。把解决问题的过程与数学的理解相融合，有助于学生自然而然地发现、阅读和掌握数学。最终，这将使数学阅读成为学生的一种生活习惯。教师不仅应及时发现并赞赏学生在数学阅读中的进步，还应积极向学生讲述数学大师勤奋学习的感人故事，引导学生跟随这些前辈的脚步，坚定地追求数学的真谛。

高中生初次接触数学教材阅读时，通常会感到陌生和不适应，但随着时间的推移，他们会逐渐适应，并开始主动探求。这个认知变迁的过程需要一定的规划和安排，可以通过循序渐进的方法培养学生的阅读习惯，使其逐步形成。

学生初步掌握数学阅读能力后，教师应当引导他们迈向更高水平。这一过程包括使学生了解数学阅读的具体分类，其中个人阅读方

式如粗读、细读和精读，集体阅读方式如默读、诵读和讨论。在教学过程中，教师需要根据教材的特点和学生的学习状态灵活选择适当的阅读方式，以促进他们数学阅读能力的全面发展。

二、从阅读数学课本开始，在教学中培养学生的数学阅读能力

数学课本是高中生在数学学习中不可或缺的资源，通过频繁接触和长时间阅读使其成为他们主要的数学资料。因此，教师在培养高中生数学阅读能力时应当从数学课本入手。教师需要系统地设计教学计划和策略，引导学生逐字逐句地理解数学概念和问题的构成，从而提升他们的数学阅读水平。考虑到当前社会日益重视逻辑思维和数据分析能力，强大的数学阅读能力已然成为学生未来步入职场所必备的基础技能。

“光说不练假把式”，高中生数学阅读理解力的提高并非是单纯依靠教师的滔滔讲解就能有所成就的，而是经由学生长期实践磨砺而得。基于这层认识，其培养过程可采取以下方法。

（一）对于教材中的简单内容，教师要着重培养学生的分析、概括能力

教师可采取启发式策略向学生抛出数个与主题相关联的问题，引导学生自主探索、深入阅读文本，促进其对教材内容的理解与吸收，并逐步构建起对课本内容的认知框架。

下面以“一次函数图像和性质”这节课为例。因为学生在初中

阶段就已经学习过有关一次函数的内容，所以高中教师在制定课堂问题时就无需顾忌太多。具体问题如下所示。

1. 一次函数图像怎样画？为什么这样画？

2. 怎么确定一次函数自变量的取值范围？自变量的取值范围与函数的值域有什么关系？

3. 一次函数与正比例函数有什么相似与不同？

4. 你能自己设计几道数学问题，然后使用一次函数解答吗？

实践证明，教师在课堂上引导学生围绕阅读内容展开讨论，并在此期间纠正个别学生出现的理解偏差，能够有效巩固学生对课程核心知识点的掌握。

（二）对于教材中的复杂内容，教师要着重培养学生的分析、推理能力

1. 带读过程

阅读数学语言的抽象性高于其他语言，因为数学课本采用了独特的表达方式和高度浓缩的符号体系。在没有教师的指导下，学生就很容易把数学视作语文材料来理解，而不是按照数学的逻辑去思考。他们阅读后只会感到困惑，从而无法理解关键概念，致使整个过程显得单调乏味。

2. 导读过程

导读是教师为提高学生的阅读效率而采取的一系列科学策略，这些策略是根据教学的具体需求而制定的。教师能够在学生开始阅读之前或者阅读过程中实施导读措施。比如，他们可以给学生提供阅

读大纲，明确指出需要重点关注的内容；或者在课堂上通过提问的方式，引导学生对阅读内容进行反思，鼓励他们勇于表达对教材问题的疑惑和个人推测，以激发学生的阅读兴趣。

不能仅仅在课堂上培养学生的数学阅读能力，也不能局限于培养他们阅读数学课本的能力。学生的阅读能力应当具有通用性，能够适用于各种学科的学习。可以说，数学阅读能力的提升会促进其他学科阅读能力的发展。然而，令人遗憾的是，近年来，应试教育带来的压力使许多教师和家长无法抽出时间关注学生数学阅读能力的培养。如果这种趋势继续下去，可能会对学生的未来发展产生非常不利的影响。

第五章　高职院校数学教学模式及教学方法

第一节　高职院校数学主体性教学模式

在自然科学学科中，数学因其相对复杂的学习环境而被认为更具挑战性。随着课程的深入，特别是在高等教育阶段，数学的难度无疑会增加。要提高在教育水平上的数学教学效果，关键在于激发学生对数学奥秘的探索热情，并确立他们在学习过程中的核心地位。以学生为中心的高等教育数学教学方法致力于增强学生的参与感，将教学的主导权交还给他们，以充分挖掘并运用学生在教学互动中的主动性。

一、高职院校数学主体性教学模式概述

教育模式以导师引领、学生主导、课堂活动为核心。高职院校数学主体性教学模式贯彻“以生为本”的教学理念，并充分体现了素质教育的要求。这一方法彻底改变了传统数学课堂的教学方式，把教学主动权交还给学生，从而激发了他们对数学探索的天赋，点燃了他们学习数学的热情。其目标在于提高学生的数学能力，创造一个以学

生为中心的真实学习环境。

二、高职院校数学主体性教学模式的构建原则

要充分利用高职院校数学自主型教育法的益处，需要遵循一些规范。首先，应坚持以学生为本的自主原则，让学生成为教学活动的核心，采用适当策略激发他们的主动性和学习动力，并促使他们把学习融入个人成长的需求之中。其次，必须坚持互动性原则，学生的核心作用应通过互动式学习实践展现，这就需要数学教师根据互动性原则精心设计教学互动环节。再次，要遵循协作性的准则，合作学习在高职院校数学教育中十分重要，通过开展这种学习形式既能增进学生之间的协作能力，又能深化他们之间的相互学习。最后，教师需要秉持创新性的原则，因为创新是数学教学的灵魂，只有不断创新教育方法，才能真正提高学生的数理逻辑思维能力。

三、高职院校数学主体性教学模式的应用策略

（一）激发学习兴趣，使学生自主参与

在以学生为中心的高职院校数学教学过程中，教育者应确保学生作为学习主体的地位能够得到有效发挥，并辅导学生培养自主学习的技巧。

1. 创设情境，激发兴趣

针对高职院校学生在数学基本能力方面的现状，数学教师应该

以灵活的方式营造一个有助于理解数学的氛围，旨在改变以往那种单调乏味、与学生日常生活脱节的教学方式。通过构建富有教育意义的实际应用场景，以及创造适合数学学习的环境，能够有效地激发学生对数学主题的热情，进而鼓励他们更加自发、主动地投入数学学习中，充分激发他们学习的积极性和创新能力。

2. 激发动机，自主学习

提升学生的学习动机是加强主体性教学的一种有效途径。这种方法要求教师能够给予学生更多的主动权。具体而言，教师需要准确理解学生的认知和心理特点，从而发现他们在数学学习中的潜在需求和兴趣。同时，教师还应该对教学内容进行深入挖掘和创新重构，使其更贴合学生的实际情况。这样一来，课堂氛围将更加活跃，学生也会更有共鸣。

（二）优化活动设计，使学生全程参与

在高职院校数学教学中，强调学生的主体地位至关重要。因此，作为高职院校的数学教师，应该持续改进课堂互动教学方式，营造积极的学习氛围，并建立有效的教学桥梁，以确保学生能够持续积极地参与学习过程。

1. 精心设计教学活动

在高职院校的数学教学中，教师需要将教学重点由简单讲授转移到对学生学习的关注上。这包括精心设计各种教学活动，以及发挥教师引导学生学习的关键作用。教学计划应当紧密结合学生的学习需求和数学课程的实际内容，聚焦于学生的现实情况，灵活安排教学活

动，以确保学生有充足的参与时间。通过这种方式，激发学生的动手动脑能力，最大限度激发他们的学习主动性。

2. 拓展学习的时间和空间

在规划数学课程的互动教学时，应充分考虑时间和空间因素，以确保教学活动的有效开展。高职院校中的数学教师应当根据教学内容的特点，创造条件，使学生能够在更广泛的时间和空间范围内进行学习。在时间方面，教师需要超越传统的课时安排，把教学活动延伸至课前和课后，加强对学生的预习指导和课外知识的强化。在空间维度上，则需要超越普通教室的限制，让数学知识的探究与日常生活，以及社会各个领域相互融合，为学生构建一个更为广阔的知识学习平台。

（三）推动全面合作，提高学生的参与度

在高等教育中，采用数学自主教学法时，必须依赖协同合作的学习方式。这种方式能够鼓励教师与学生之间，以及学生与学生之间的相互作用和互助，从而激发课堂的活跃氛围。通过这种互动，学生能够进行深入的思考，并展开交流，进而提高他们的数学逻辑思维能力。

推动师生协同前行是合作学习中的关键路径之一。师生的互动不仅可以凸显数学指导场景中双方的主导地位，也就是以教师为引导的学生中心学习模式。在这样的互通有无的环境下，教学双方能够共同进步。这使教师能够不断完善授课方法，同时学生也可以在导师的指导下灵活调整学习方法。

促进生生互动在高职院校数学课堂上尤为常见。教师可以根据授课需要，引导学生展开合作学习，让他们共同探讨个人学习中遇到的

难题，促进彼此间的交流。通过这种学生间的合作方式，不仅可以提升他们的团队协作技能，还能建立一个每个学生都积极参与的教学模式。

综上所述，高等教育的数学教学需要以主体性教育理念为基础。这样做不仅可以促进学生的数学领域能力，还能培养他们自主学习和创新思维的能力，同时还有助于塑造积极的学习态度。在高等教育中，数学教师应该以主体性教育法为指导，不断深化实践研究，从而积极改进和完善课堂教学方式，努力提升数学教学的整体效果。

第二节　高职院校数学教学模式

大学级别的数学课程常常涵盖了复杂的教学内容，包括各种概念和定律，对学生的逻辑推理能力和创造性思维提出了更高的要求。相比之下，在高等教育中，传统的教学模式通常偏向于以教师为中心，注重向学生传授理论知识。然而，这种方式并不利于学生对复杂数学概念的理解和掌握。因此，许多高职院校的数学课程教学存在着师生互动不足、课堂氛围欠缺活力，以及教学效果不佳等问题。这些问题亟须通过改革教学方法来解决，以期为教师提升在数学教学领域的能力，从而实现教学的更新与进步。

一、传统高职院校数学教学模式存在的问题

（一）师生互动较少，教学内容固化

1. 盲目地重视理论灌输

目前，我国高等教育中的数学课程教育模式，尽管正处于教育

改革的进程中，但是多数职业院校仍持续采用较为传统的授课方式。特别是在传授复杂计算公式和逻辑推理方面，常见的做法是将大量抽象的原理和公式机械地灌输给学生。结果是学生在课程结束时往往难以真正理解和掌握所学内容。此外，由于授课时间花费在晦涩难懂的定理和公式上，导致师生之间的互动问答机会减少，沟通交流不够充分。

2. 固定不变的教学内容

在大多数高职院校中，数学教师通常将注意力放在传授高等数学的基础理论上，对于实际生活中高等数学的应用，以及与其他相关学科的联系则较少关注。这导致基础数学理论在课程中占据了较大比例，而实际操作和应用性教学相对不足。此外，一些学生可能只是出于获得学分和通过考试的目的而修读数学课程，这种态度显然不利于培养他们的数学应用技能。

（二）教学方法及教学内容缺乏创新性

目前，一些高职院校已经开始尝试采用多种现代教学方式，比如，运用幻灯片演示授课、开展微型课堂教育等方法。然而，实际情况却并不如人所愿。大量的实例显示，这些改革举措并未能显著提升教学成效。甚至，在某些情况下，传统的“以教师为中心”教学模式仍在很大程度上占据主导地位，未能实现向“以学生为主体”的现代教学理念的全面转型。

部分高职教材内容和教学大纲常常呈现过于死板的特点，它们的更新速度远远跟不上知识的不断迭代，更不用说适应新兴科技领域对数学应用能力的迫切需求。这种情况下，直接导致教师囿于既定的框架，从而难以灵活地调整教学策略来满足学生个性化差异的需求，无法充分激发他们独特的思维潜能，结果导致很多学生对数学学习失去了兴趣。

二、高职院校数学教学模式的创新建议

（一）积极转变传统的教学模式

提倡“以学生为本”的教学观念，重点在于赋予学生更多的学习主动权，强调并注重学生在学习过程中的积极参与。比如，采用各种交互式学习方法，激发学生参与课堂讨论，或者运用引导性的教学手段，鼓励学生深入思考，培养他们的逻辑思维和分析能力。改变传统的教学方式，可采取以下措施。

1. 运用“学案式”教学模式

学案导向的授课法包含八个步骤：启迪思维、呈现知识、独立探究、互动交流、诱导思考、练习强化、评估检测和层次差异化作业。在这一模式下，学生扮演着核心角色，他们从独立探索到同学之间的互助协作，整个过程都是以学生为主导。这种教学策略有助于激发学生的主动学习意识。而在其中的诱导思考、练习强化，以及评估检测等步骤，是教师针对普遍性问题实施教学导向的关键阶段，也展现了教师对每个学生学习情况的关注和重视。课程的最后阶段是层次差异化作业，这一环节体现了“对症下药”的教育理念，为不同水平的学生量身定制个性化的家庭作业，目的就是让各层次的学生共同提

升学习成果。

2. 高职院校数学课程教学设计创新

高职院校数学教材通常充斥着大量的定理说明和公式推导，对于处于知识积累阶段、逻辑思维能力尚须培养的学生而言，颇具挑战性。很多学生在课堂上感到困惑，直到课后复习，仍然觉得茫然。为提升数学课堂的教学效果，高职院校数学教师应该摆脱传统模式，勇于创新教学设计，对教材内容进行科学合理的调整和组织。这样才能更有效地传授知识。具体而言，首先，应结合学生的学习习惯和知识水平展开教学。采用多样化的教学方式，如微型课程和慕课等，了解学生对所学内容的理解程度，以便在授课过程中进行目标明确的解释。另外，通过作业反馈和测验评估学生，揭示学习中的常见难点，进而加强基本理论知识的巩固。其次，应适度采用讨论式教学方法。由于传统的高职数学教学单一乏味，缺乏有效的互动，因此，教师应该采用讨论式学习等方式增加课堂的活跃度。通过这种方式，不仅可以激发学生的自主讨论，还可以将所学知识应用到具体问题的探讨中，并对讨论结果进行深入分析。

综合来看，案例教学法、互动式讨论，以及微型课程等手段，能够弥补旧有单调理论授课法的局限性，以确保学生在学习过程中的核心作用，并在积极的互动学习环境中，更有效率地提升教学成果。

（二）引入“以学生为中心”的教学法

在高等教育领域内，课程改进日益受到重视，数学课程教学方式也呈现多样化的特点。针对注重学生主体性的教学策略，层次化教学和协同学习成为主流趋势。关于这两种教学法的实施细节，有以下建议。

1. 采用分层教学法

分层授课的重要性在于，根据学生个体的学习特点，采取相应水平的教学方法。一般而言，学生对数学知识的掌握程度存在明显差异，这就要求教育者必须善于运用不同层次的教学技巧，为不同认知水平的学生制订相适应的教学计划。在实施分层教学时，还应当重视利用课外辅助资源，比如，网络互动教学平台、各类微信教学工具等。通过为教学内容规划多层次的家庭作业，学生能够根据自己的学习水平选择适合自己的练习，这种做法不仅体现了分层授课的核心理念，也有助于不同层次的学生跟随教学进度稳步前进。

2. 注重课堂教学中的合作教学法

为将“以学生为中心”的教育理念融入课堂教学，需要构建一个富有活力的学生互动空间，使他们在共同学习的过程中相互启发，促进彼此成长。教师可以将整个班级分成几个学习小组，每组围绕教师设定的议题展开讨论。讨论时间宜短而精，约十分钟为宜，随后，各小组组长可代表小组宣讲讨论成果。这种教学模式不仅有助于激发学生之间的互动，还有利于他们更全面地理解问题解决方案，促进逻辑思维能力的培养。此外，小组合作式教学还可延伸至课外作业，比如，在经典题目上，学生可在非正式课程时间进行初步讨论，然后在课堂上进行深入的集体分析和总结。通过这种方式，教师能够在课堂内外全方位地激发和提高学生的学习兴趣。

3. 课前引入问题，提倡使用启发式教学法

在课堂正式开始之前，教师可以巧妙地结合日常现象和科学概念，引发学生的好奇心。通过提出问题的方式，激发学生的讨论欲望，进而使他们更加专注于课堂内容。采用这种启发式的教学方法时，教师需要把握好三个关键步骤：提出问题、引导学生找到线索、帮助他们分析答案，从而促进学生对教材的全面理解，并培养他们解决问题的思维能力。此外，教师还应该灵活运用合作学习、案例教学等其他有效的教学方式，以最大程度提升教学效果。

通过以上分析可得出，要想激发数学教学的活力、提高课堂效率，关键在于激发学生的积极性、培养他们的自主学习能力，并引导他们将抽象的数学概念与实际应用相结合，深刻感受数学在生活中的实用性与魅力。这样一来，传统的数学教学模式才能焕发出新的生机，促进教师与学生之间的互动交流，从而达到高等教育数学课程教学改革的预期目标。

第三节　新媒体支持下的高职院校数学教学模式

新媒体技术的广泛运用已经让网络的便利性得到充分体现，为人们的生活带来了更加便捷的方式。然而，在许多高等教育中，数学教学方法相对传统，这种状况并不利于学生全面能力的提升。通过利用新媒体技术改进数学教学方案，为学生提供了丰富多样的学习资源，能够有效地激发高等教育在教学方面的潜力，从而更好地满足学生的需求。

一、开展新媒体数学教学的背景及现状

在传统的信息传播模式中，通常是单向的，即信息由一个源头传播到广泛的受众，这种形式不利于发送者和接收者之间进行有效的双向交流。但是，随着新媒体时代的到来，信息传递的方式发生了根本性的变化。新媒体使人们能够进行更直接、更即时的交流，从肉眼可见的接触变成了像素级的对话。通过互联网平台，各种多样化的信息内容，包括文字、图片、视频等多种媒介形式得以传播。新媒体的传播方式更加贴近人性、更加灵活，并且具有更强的互动性，因此，受到了越来越多大众的欢迎。

目前，新兴媒体平台在现有的社交应用基础上探索了新的交流方式，为师生之间的远程对话提供了便利，进而提升了教育教学的效果。同时，移动终端设备的普及进一步增强了教育活动的灵活性，使学生能够在任何时间、任何地点展开学习。

数学领域的知识天然具有抽象本质，因此，学生在学习数学时必须具备扎实的逻辑思维能力。然而，在当前的一些高职院校中，数学课程的教学模式大多仍然依赖死记硬背。教师通常使用粉笔、黑板和幻灯片传授抽象概念，这种传统教学方法存在困难。而新媒体技术的出现为解决这一问题提供了可能。新媒体技术能够转换信息资源，为学生提供更生动的图像感知，使教学内容更加清晰和有条理。此外，新媒体技术的引入还丰富了教与学的互动方式，使教师和学生能够更便捷地进行跨空间实时交流。通过新媒体技术平台，教师能够快

速了解学生对课程内容的理解程度和存在的疑惑，并且能够根据这些反馈信息，灵活调整教学策略。因此，教师能够更准确地设计出针对性强、符合学生实际需求的学习任务，促进教学相长，帮助学生系统化、深入地掌握知识。

目前观察高职院校对互联网的应用情况，可发现网络信息技术在教育领域已逐步推广。然而，大部分从事高职院校数学教学的教师尚未充分认识到网络教育的潜力。尽管在线教育在数学课堂上有所运用，但是其效果并不尽如人意。同时，利用新兴媒介技术改进数学教学方式的尝试并不普遍。为提升高职数学教学的效果，全面培养学生的数学素养，从事该领域教学的教师有必要关注并积极参与利用新媒体推动数学教学模式创新活动，从而夯实教育的基础。

二、新媒体支持下高职院校数学教学模式的创新

（一）前期准备工作

为了在高等教育中进行创新性改革，迫切需要深入开展初步筹划。教育者应该对结合新媒体进行数学指导的方法进行实用效果评估，以精准确定教学重点。教师需要根据评估结果制定合理的教案，并有序地组织后续工作。在准备阶段，教师有责任研究职业院校数学教学现状，以及学生对新媒体教学方式的适应情况。随后，需要全面探究数学课程内容、学生兴趣，以及各学科对高等数学的需求等方面的因素，从而明确教学重点，制定详尽的教程大纲，规划授课方针。借助坚实的教育基础和新媒体的支持，实现学生喜爱的互动式教学，

并逐步推动具体的教学实践。

（二）教学活动的开展

在进行详细的教案设计后，教师则开始执行他们的教学策略，并向学生提供专业的数理指导。新学期开始时，教师会建立一个学生委员会的QQ交流群（以下简称“学委群”），同时在第一节课上公布自己的QQ账号，以便为未来的教育活动奠定坚实的基础。教学过程通常分为三个主要阶段：学习前的预习、课堂上的授课及课后的能力提升。

在备课阶段，教师可以提前向学生通报次日课程的核心内容、教学目标、重点难点，以及课堂安排等信息，以便学生提前做好准备。这种做法不仅能够激发学生对知识的兴趣，还能够增强他们的自信心，为他们的自主学习创造良好的条件。同时，教师能够根据学生的反馈调整次日的教学计划，有针对性地解决他们在预习中遇到的困难。在此过程中，教师的角色受限于“指派任务”与“收集疑问”，要尽量减少不必要的干扰，鼓励学生以个性化的方法自行探究教材。

回忆往昔，新任教师通常只能在本校范围内观摩资深教师的课堂，这种传统的线下学习方式虽然有一定的参考价值，却受到了许多限制。与此相比，新媒体的兴起为教师提供了更为广阔的学习空间。现在，随着爱课程、慕课、网易公开课等一系列网络教育平台的出现，新任教师能够与国内外杰出的教育学者进行交流学习，并从中快速获取经验丰富的教学知识与技巧。这对于新教师而言，是一个极佳的提升途径。此外，他们还可以从众多在线教育资源中选择最优质的

内容，为学生提供高水平的教学材料。

在授课过程中，教师可以根据事先收集的学习难点，灵活选择教学方法，以引发学生学习的兴趣。对于难题，教师能够提供解决方案，并引导学生从不同角度去理解数学概念，从而提升他们的学习成效。

在课程结束后的复习阶段，教师可以依托学生干部的协助，将本节课的学习资料在班级群内发布。同时，学生干部有责任及时收集学生在学习过程中遇到的问题和疑惑。教师则会从这些常见的疑难问题中选取一部分，以文字解说或视频讲解的形式，及时为学生答疑解惑。

选取“微分学引论”这个章节做示范，建议在学生独立学习前，教师可以借助现代化的多媒体工具发布范例性的学习材料，同时安排具体的预习作业。学生能够根据这些示例自主探索微分的数学本质，从而初步了解微分的概念。通过在线学习小组的互动交流，教师能够初步了解学生的预习情况。在课堂上，教师按照预先设计好的方案进行教学活动，并指导学生展示他们自主预习的学术发现。在这个基础上，教师正式讲解微分的定义，并采用适当的教学方法加深学生对微分知识的理解。课程结束时，在总结和提高学习环节，教师能够通过网络学习平台发布教学 PPT，布置练习，并引导学生运用所学的微分知识深入理解微分运算规则及其他相关数学方程，从而为后续章节的学习打下基础。

（三）教学活动的拓展

利用院系平台，我们为全体学生建立了两个 QQ 群组。这两个群组以学生为主导，导师为辅，旨在汇聚具有相似学术水平和共同学术兴趣的成员。在这个网络空间内，他们可以自由地探讨难题、分享学习资源，策划各种集体活动。接下来，我们将建立数学建模群和互助群，以便有志于数学建模的学生能够找到志同道合的伙伴。

教育者可以利用QQ空间、微信朋友圈这样的社交平台与学生开展情感交流，关注其心理变化，分享富有建设性的正面信息内容，从而引发学生的内心共鸣。

我们之前提到了新媒体对学院教育活动的支持。而实际上，在高职院校，新媒体在促进互动和沟通方面也扮演着至关重要的角色。比如，通过参与省级教师群体，如省级高职院校数学教研组和省级微课教学竞赛群，促进不同院校间的教学心得分享，并有效组织多项教学竞赛，其重要性不可忽视。

本节结合高职学生学习数学的特点，探讨了在新媒体时代下改革高职院校数学教学模式的思路。然而，若要全面地利用新媒体来彻底改变高等教育中数学教学的方式，就需要更深入地挖掘，并持续优化高职院校数学的教学模式，以确保教学质量的提升。

第四节　高职院校数学小组教学模式

集体互动学习的方式对传统的教学方法进行了优化和改进，其核心在于小组间的协作与互助。这种教学模式综合运用了多种战略和技巧，旨在提高教学的整体质量。通过分组合作，学生的参与度得到了显著提升，激发了他们在课堂内外进行积极讨论和深入探究的

主动性，从而实现了知识的相互交流、共享和共同进步。这一教学体系不仅适用于《数学分析》《高等代数》《高等数学》和《线性代数》等大学基础数学课程，还可以在其他学科领域得到应用。下面提供了一份详尽的实施方案，供有兴趣的人参考。

一、学习小组的建立

构建学习小组的教学互动，首先需要形成学习小组，这样才能营造适宜的讨论氛围。实现这一目标需要进行公平的成员归并和合理的课室座次布局。我们将从组长选择、成员分配，以及座位安排三个方面来详细说明如何搭建学习小组。

（一）组长选择

开始组建学习团队之前，首先需要在班级中选拔一批负责人。这些负责人能够通过自荐或他人推荐产生，但必须具备扎实的数学基础，并且愿意辅导同学。更为关键的是，他们必须具备乐于助人的品质。拥有这样一支出色的负责人队伍对推动协作学习至关重要。

在确定小组长后，教师应积极培养其领导能力，比如，指导他们如何组织课堂上的集体辩论等活动。同时，教师应该引导小组长学会承担责任，减少同学间的隔阂，从而促进团队合作，挖掘集体潜能。

（二）成员分配

在研讨班的组建中，除设立一名班长外，通常还会有四到六名普通成员。为实现每个研讨班成员的配置更具随机性，教师可以借助电脑软件进行成员分配。在此不建议根据学生成绩或个人偏好组队，因为基于成绩的分组可能会导致学生反感，从而影响未来研讨班活动的顺利开展；而根据学生个人选择进行分组，可能造成各研讨班之间学习资源分配不公平，失去合作学习的最大优势。因此，我们建议采用随机分配的方式来组成研讨班，这样做有助于确保研讨班之间资源共享的公平和公正，并且有助于激发研讨班之间的竞争精神，增加团队成员对学习的热情。

（三）座位安排

在学生被分配到各自的学习小组后，为最大限度地发挥小组学习的优势并促进组内交流，有必要进行适当的座位调整。如果允许学生随意选择座位，可能会导致课堂上的小组活动无法有效实施。因此，应确保同一小组的成员坐在彼此附近。当然，座位的分配必须考虑教室的座位布局。在每堂课的时间周期内，各小组应轮流进行从前到后的座位更换，但小组内成员能够自由交换座位。需要强调的是，在课堂教学中，根据小组分配座位，可以显著提高学生的听课积极性。

二、课前预习指导

学生通过课前自学，能够初步掌握即将学习的内容，有助于消除对新知识的困惑，以确保学习过程的连贯性。在教学中，教师应当安排明确的自学任务，包括复习已掌握的原理和概念，因为这些可

能在新知识中再次出现，并且要认真阅读教科书。这样，学生就能初步了解新课程的基本概念和逻辑，进而指出课本的核心内容、遇到的困难及自己不理解的部分，并尝试解决新课中的示例和一些习题。当遇到困难时，学生能够通过自学解决，或者记下问题，等待教师的讲解，或者在小组讨论时提出疑问。

三、课堂教学

（一）复习旧知识和引入新课（五分钟）

教育者在课堂上的任务是通过激励和引导，帮助学生有效地掌握新概念，这就需要他们帮助学生巩固之前学到的相关知识。在心理学层面上，过去学到的知识很容易被唤起，能够激发起学生的思维过程，从而增强他们的学习动力。因此，采用建立在旧知识基础上的教学策略，有助于学生更容易地接受新知识。

（二）讲授新课及答疑（二十五分钟）

教育者需要妥善把握教授课程的每一环节，使课程内容条理分明，教学逻辑明确，应用的教育技巧要得当，唯有如此，方能事半而效果翻倍。

在教学过程中，当学生遇到学习难点时，教师应当及时给予引导和纠正。同时，学习小组也应该营造一个公平和谐的学习氛围，以确保每个学生都有平等的机会来思考、表达和尝试。鼓励学生敢于提出质疑和问题，积极发表个人观点，即使与他人不同。

在互动环节中，教师应该通过观察学生的问题，善用小组合作的优势解决这些问题。对于那些学生难以攻克的难题，可以跟随他们的思维路径进行指导，使他们能够自行梳理并掌握核心要点。这种方法有助于提升教学效果，实现预定的教学目标。

（三）课堂练习（十二分钟）

课堂习题不仅是教授课程的必要补充，更是促进师生之间思想交流的重要媒介。通过精心设计的习题，能够有效提升数学教学的效果。因此，习题的设计需要具备深入浅出、循序渐进、相互衔接的特点，以有助于学生能力的持续提升。教师应当策划一系列基础练习，并编排一些富有创意的题目，以帮助学生将已有知识与新学知识相连接，拓展解决问题的思维途径。

（四）总结归纳及布置作业（三分钟）

学生完成课程内容后，小组领导应当承担起整理和总结小组成员所学知识的责任，以促进有效的知识回顾。在布置作业时，教师可以采取多样化的方法，比如，设计不同类型的习题，包括确定性习题、可选习题和探究性习题。这样，学生就能根据自己对知识的实际掌握情况选择适合自己的作业。

四、课后辅助教学

在注重课堂教学的同时，教师也要引导学生做好课外学习规划，以帮助学生巩固所学的知识。我们采取的课后辅导手段如下。

（一）每一章的知识点都需要“口述”

教师在课堂结束一章节后，通常会总结本章的重要概念，并制作概要清单。同时，小组领导会负责在课后的时间点召集组内成员，组织大家进行知识点的复述或公式的书写练习。这种做法有助于学生系统性地理解章节内容，从而增强他们的学习满足感。

（二）章节小测试

在课程的某个阶段，学生完成了一到两个单元的学习后，教师会安排一次非正式评分的闭卷测验，以便更全面地了解学生对学科材料的掌握情况。测验题目的深度会根据学生的知识水平确定。随后，在晚上的自习时间，教师将组织学生群体进行一次测试。对答卷的批改和评注工作，则交由各小组的组长负责。针对大多数学生普遍感到困惑的问题，教师需要在正式课堂上进行详尽的阐述和讲解。

（三）利用 QQ 群进行课余辅导

若部分学生对某概念学得不够扎实，教师可以利用 QQ 群组的图片分享和语音通话功能，对该概念进行专门的解释。这样学生就可以在宿舍里多次听取，并在不同时间段反复接触相关内容，从而显著提升学习效果。

（四）小组间的知识点抢答赛

组织小组之间的竞赛能够增强小组成员间的凝聚力。为此，教育者应营造一种鼓励小组成员相互竞争、相互激励的学习氛围。这样做不仅能够促使学生更好地掌握知识，还能够有效提高学习效率。

在实施分组学习的教育方式期间，教育者的角色在于营造一种环境，这种环境能激发学生感受到“个人力量有限，团结协作乃攻克难题之本”的深刻道理，并逐渐促进学生培养团队协作的意识和能力。

第五节　高职数学翻转课堂教学模式

随着网络技术的飞速发展，特别是互联网和移动通信技术的迅猛进步，教育领域正逐渐引入一种新的学习方式——以网络资源为基础的翻转课堂。学生在课前通过视频资料进行自主预习，课堂时间则被用来与教师进行深入交流和探讨，以此来获取知识和技能。这种新型教学方法相较于传统教学方式具有明显的优势。近年来，这一教学模式不仅在各级学校广泛推广，而且在全球高等教育机构中也得到了尝试与推广。翻转课堂更加强调师生间和同学间的讨论与互助，以及对学习内容的批判性和探究性讨论。通过回答问题这一过程，学生能够自然而然地吸收新知识，这证明了问题讨论本身对学习的激发作用。因此，在这种教学模式下，课堂提问的重要性显得尤为重要。

一、高职数学翻转课堂的内涵

逆向教学给予学生在自由碎片化时间里进行独立知识探索的机会，同时，教师可以将课堂打造成一个促进师生之间互动和交流的平

台。学生通过课外自主学习、个人思考，以及课堂内的讨论和互动等方式，这种教学模式有助于提升教育效果。

在翻转课堂的教学模式中，所谓的“颠覆”概念意味着教师不再在课堂上花费过多的时间进行单向的讲解，而是将课堂打造成一个师生互动、生生交流的平台。这种互动涉及解答疑惑、合作研究、完成任务等多个方面，旨在提升教学效果。通过这种方式，教师能够为学生创造更多自主学习、自主探索的机会，从而全面提升学生的学习能力。

二、翻转教学模式下培养学生问题意识的重要性

主动探究未知就像是攀登知识的阶梯，解答这些探究所带来的是知识体系的扩展与思维方式的提升。但并非所有问题都能够自然而然地涌现在思维中，若缺乏主动探求的愿望，个体便无法自发地搜索、识别和解决问题，只能是被动地接受外界提供的知识。这种被动接受的知识是僵化的，既无法有效地指导我们的实践，也无法孕育新的知识。只有当学生拥有问题发现的意识，才能在不断地追问和研究中，持续改进思维和方法，他们也才能真正、持续地向前发展。

在翻转式课堂中，提问被视为一项至关重要且高效的方法，因为它能够激发学生对问题的敏感性。在这种教育模式下，学生提出问题则成为一个不可或缺的步骤。通过教师引导的问题和学生自主的深入讨论，他们逐渐意识到了问题提出的重要性，甚至还可能会认识到“提问本身有时比解答问题更为关键”。提问标志着探索未知

领域的起点，是不断追问未解之谜并试图寻找多种答案的过程。这种过程不仅是学习知识的必由之路，还能够使教师的角色转变为引导学生自我发现问题和解答问题的能力，从而提升学生的自主学习能力。

三、翻转教学模式下高职院校数学教学课堂提问的必要性

在我国的数学教学中，教师普遍注重并经常采用向学生提问的教学方法，这种做法是值得称赞的。然而，在高职院校的数学教学中，这种提问策略相对较少。造成这一现象的主要原因在于数学通常作为必修的基础课程，需要面向大量学生，课时紧凑，再加上学生对数学的兴趣程度普遍不高。因此，在快速推进课程内容的压力下，教师往往忽视了课堂提问这一提高授课质量的方法。有些教师认为，大学生已经具备较为成熟的自主学习能力，因此，教学应侧重传授知识，让学生自行复习和理解。他们可能认为，在大学课堂上频繁提问类似于中小学的教育方式，似乎不太合适，甚至有些可笑。然而，实际上提问是激发探索型学习的重要一环。适当且有效的课堂提问不仅能够促使学生思考，拓展他们的认知边界，还能够营造积极的学习氛围，加强师生之间的情感联系。

在高效的颠覆式授课模式下，不论是在大学阶段还是中小学阶段，所有优秀的教育者都应当掌握关键的提问技巧。如果教师在这种教学模式下忽视了互动提问的环节，可能会导致教学效果下降，影响学生的学习成果，并且减弱学生对主动探索式学习的积极性，从而无

法有效地促进学生在逻辑思维和抽象思维方面的成长。

四、翻转课堂的应用探究

传统的数学教学常常是教师主导的知识传递，学生通常是被动接受的。翻转课堂的教学方法则与之不同，它更加注重激发学生自主学习的积极性。在这种模式下，学生通过观看教学视频自发地获取知识，积极分享自己的见解，并自觉地与他人展开深入讨论和交流，从而主动提高自己的能力。这种教学模式标志着个性化学习的发展趋势，通过自主驱动的学习过程，学生能够更有效地掌握数学知识，并且更容易地将所学技能应用其他领域，因此，其教育效果通常更为显著。

在高等教育中，我们能够采用颠覆性教学模式的实施路径进行数学课程的教学。我们需要将数学课程的教学过程分为课前预习、课堂互动和课后复习这三个不同的阶段。在这些学习环节中，教师和学生应共同建立一个合作与分享的学习氛围，通过积极的互动和交流，有效地提升数学课程的教学效果和学习效果。

在准备教学内容时，教师应当将课堂中的核心知识点、可能遇到的挑战，以及授课重点转化为视频素材，以适应不同的学习环境。在最佳的情况下，教师可以考虑将这些素材整理成网上的开源课程，并且在需要时利用像“中国大学 MOOC”这样的平台提供的高质量在线课程资源。这些预先制作好的课程可供直接使用，学生只需在 MOOC 平台进行实名注册即可参与在线学习，同时教师也可提前下载课程视频并提供给学生作为学习资料。然而，为更好地满足学生的实际学习需求，自行制作教学视频通常是更加理想的选择。

在课堂教学活动中，最重要的部分是对数学知识和技能的实际应用训练。教师能够围绕实际生活中的具体问题，让学生用数学方法解决问题。

数学建模的核心价值在于应用数学理论与方法解决现实生活中的问题。在教授数学时，除传授理论知识外，更应该培养学生运用这些知识分析和解决实际问题的能力。教师在教学过程中，不仅要帮助学生掌握数学建模的方法，还应该启发他们认识到，生活中许多问题都可以通过数学教学来量化和解决。与机械记忆公式和定理相比，引导学生通过数学思维解决问题更为实质和有益。当学生在解题或任务执行过程中遇到困难时，教师可以适时提供帮助，学生也可以通过观看教学视频、上网查找资料来寻求答案，从而尽可能地培养他们自主解决问题的能力。这种做法能够使学生更加扎实地掌握数学知识和技巧。

学生在课后有机会反复观看教学录像，并可以根据视频内容或学习材料进行反复练习，直到他们完全掌握所需的知识。当学生展现出充沛的学习动力和扎实的基础，以及对知识探索的强烈愿望时，他们完全可以向教师提出挑战更高难度数学课题的请求，以确保他们在学术道路上有所收获。这种做法不仅体现了教育尊重个体差异和鼓励挖掘潜能的价值导向，也有助于学生更好地实现个人学术目标。

高职数学教学的意义不仅在于传授基础理论和解题方法，更在于引导学生掌握科学的数学学习方法，从而培养深厚的数学素养，并

赋予他们解决现实工作和生活中复杂问题的能力。为充分发挥高职数学教学的价值，有必要革新传统的教学模式。本书重点探讨了“翻转课堂”这一教学理念在高职数学教育中的具体实践和应用策略。通过对一系列教学实践的深入分析和综合评估，可以明显得出，翻转课堂作为一种创新教学模式，在提升高等教育中数学课程教学质量方面具有重要的应用价值。

第六节　高职院校数学混合式教学模式

在专业技术学院的教学体系中，数学科目具有不可或缺的地位。数学教师在职业教育中的职责不仅仅是关注学生成绩的评定，更是致力于培养学生将数学知识运用于实际职场技能的能力。为此，他们需要逐步抛弃过时且僵化的传统教学方法，转而采用更具创新性和多样化的教学策略，以激发数学教育潜在的优势。在进行混合式教学时，应该鼓励学生成为学习的主体，通过多种教学风格发挥个人优势，从而提高教育资源的利用效率，提升课堂教育的质量。

一、混合式教学模式的含义

混搭式教学模式相较于传统的授课方式更具有创新性和策略性。这种模式在教学手段和方法方面更加灵活开放，能够包容更加多元化的教学内容和目标，从而实现不同教学计划的优化组合和自然融合。此外，混搭式教学模式还融入了创新型的教学模式，有助于推动教育手段的进步，从而快速提升教学品质。在应用混搭式教学模式时，首先教师需要评估和分析学生个体化的学习需求，以学习者为中心构建教育设计，从而积极推动理论与实际操作的结合，并为学生开辟更多参与实践和探索学习的途径，使他们能够将课堂所学知识应用于职场和日常生活中。在教学模式不断更新迭代的时代背景下，高等职业数学教育也应当顺应时代潮流，持续满足学生多样化的学习需求，改进旧有教学模式中的低效率、单调和不足的问题。同时，教师还应该结合学生的特点深入挖掘他们的学习潜力，为他们量身定制及创造一个适合个体的学习环境，提供更多的实践锻炼机会，从而培养学生独立探究、思考和学习的能力。

二、混合式教学模式下教师的作用

尽管信息科技在课程传授中提供了辅助，但是在高职高专的数学教学中，教师本身扎实的专业知识和丰富的授课经验仍然发挥着至关重要的作用。因此，教师需要不断追求进步，努力提升自身的专业技能和教学经验。在信息融合的现代教育体系中，教师的领导地位不可替代，必须依据教育的实际需求持续自我更新和学习。相较于传统的授课方式，在信息融合的教育背景下，教师所教授的学科范围更为广泛，这就要求教师作为知识的传播者，要掌握更加多元化的技能。

混合式教学模式具有高度的灵活性和适应性，因此，有望在重构教学流程、整合多元教学资源方面发挥重要作用。它摒弃了依赖单一教学路径的限制，提倡将多种教学形式有机地结合起来，包括面授讲解、小组研讨、在线自学、实时互动、虚拟实验、微课视频等。这样的教学模式使教师能够根据教学内容的特点、学生的时间安排、

学习环境的变化，以及个体学习进度的不同，有针对性地设计教学方案，更好地适应学生的实际情况。此外，混合式教学模式还能够根据学生的需求，为每个学生量身制订指导计划，提供个性化的学习内容，并鼓励他们采取适合自己的学习方法。学生通过各种教育渠道获取知识，包括图书、网络等，发展独立思考和分析问题的能力，并逐步培养良好的学习习惯。

三、混合式教学模式中学生的学习方法

随着科技时代的不断进步，融合多元媒体和互联网技术的学习方式日益普及。在这种新型学习模式下，学生的作用越发凸显，他们不再仅仅是知识的被动接受者，更是积极主动探索知识的求索者。因此，教学方式也发生了转变，不再是简单的单向传授，而是引导学生进行自主探究。学生在教师的指导下，可以自主利用图书馆、网络等丰富的资源，主动搜索与学习目标相关的信息，并进行深度思考和加工。随后，他们能够在学习平台上与教师及其他同学进行互动讨论，分享彼此的见解与心得。通过这一过程，他们不仅能够形成自己的学习成果，还能够通过汇报的方式向教师展示自己的学习成果。对于高等数学的学习而言，这种混合式教学方法能够为学生提供更加立体、丰富的学习环境，从而激发他们自我学习的兴趣，有助于他们更好地掌握实用性强的知识。

四、混合式教学模式在高职数学教学中的应用

在高职数学课堂实施融合教学模式时，教育者的首要任务是构

建一个数字化的教学互动平台。这个平台将通过网络收集各种教育素材，从而构建一个完整的数学教学在线教育架构。随着多媒体和互联网技术的广泛应用，高职数学教学应主动吸收网络科技的优势。利用这一强大的信息传递渠道和资源库，为教育者提供理论和策略上的支持，以确保现代教育技术在高职数学教学中得到适当的应用。同时，教师还需要深入了解高职数学教学的目标，并根据当前的课程标准，密切关注学生在学习过程中的进步和困难。灵活调整教学策略，采用适当的教学方法、节奏和难度，以确保教学内容、过程和方式与学生的个体差异、学习风格和阶段性需求相适应。这样，教育者能够因材施教，提升教学效果。

教师应当致力于构建多样化的教学手段，以便于更好地向学生阐释理论与操作实践之间的相互关系与作用。通过将关键的教育资源，包括视频、音频和图片等，转化为多媒体素材，并与学生共享，以满足他们自主学习的需求。这种做法不仅能够帮助学生独立完成课业和讨论，还能够引导他们在自我探索的过程中逐渐领悟并掌握学习的要点，培养他们良好的学习习惯。

整合式的学习方法融合了多种尖端要素，包括信息技术等，为教育效益的提升提供了有力支持。在高职院校的数学教学中，这种方法展现出了巨大的潜力，它不仅降低了数学科目的难度，提升了教学质量，还有效激发了教育界的活力。该教学模式以学生为中心，强调教师的辅导角色，为学生提供更为适宜、全面的学习手段与工具，从而显著提高了学习效率。在这一模式下，教学方式更加灵活多样，教育资源也更加充足，这进一步提出了对于教师更高的职业素养要求，

促使教师不断更新知识体系，强化个人技能。

第七节　高职院校数学分层教学方法

分层教学是根据学生的不同学习水平，有针对性地设计教学内容、问题难度和授课速度的一种教学方法。这种方法确保了每个学生都能在与自己能力相匹配的教学环境中学习，从而促进认知能力的提升。通过这种方式，不论学生的学习水平如何，都可以在适合的学习轨道上充分发展自己的潜力，进而实现个性化的成长。

一、分层教学的内涵与价值

（一）分层教学的内涵

分层教学根据学生的知识储备、学习风格，以及能力水平，对学生群体进行科学分类，并设计与实施差异化教学方案。在分层教学的框架下，有各种不同的教学方法可供选择。然而，这些方法的核心都是围绕学生展开，重视个体学生之间的差异，旨在提升他们对知识的理解与运用能力，并促使他们在各个方面都得到全面发展，以培养出具备卓越素质的人才。

（二）分层教学的价值

在教学的最初阶段，通过层次化的指导方法，教师能够建立起分级式的教学理念，并精心设计与之相匹配的教学方案，以贯彻个体化教学的原则。这种教学方式能有效地促使不同水平的学生更充分地吸收授课内容，从而不断提升整体素养。随后，采用层次化的授课方式有助于激发学生之间的健康竞争，促进学习氛围的形成。最终，在层次化教学的环境中，学生成绩的集中度更高，这种积极的学习氛围极大地提高了学生的学习积极性，有助于他们建立起对数学学习的信心。

二、分层教学的开展形式

（一）针对学生的学业表现进行层次划分

在班级组织过程中，教师需要注重学生的个人偏好，允许他们初步根据自己的意愿选择班级，然后根据具体情况最终确定分班结果。对于那些对自己的学习水平情况了解不够的学生，教师可以给予一定的试听机会，让他们确认选择结果是否符合自己的利益，然后再进行合理的班级分配。

（二）在备课阶段把教学内容分层

教师需要深入了解学生的知识基础、认知风格、学习动机、理解速度和解决问题的能力，进而准确识别每个学生在学习过程中的优点和不足，然后对教学内容进行细致分层，根据学生的不同情况布置相应的学习任务，以提升教学效果。比如，对于基础扎实的学生，可以注重培养他们的逻辑推理能力，鼓励他们在解决问题时进行换位思考；对于基础较为薄弱的学生，则应侧重帮助他们巩固基础知识。

（三）在课堂上对教学方法进行分层

学生的学习效果在很大程度上取决于教师所采用的教学方法的适宜性。针对不同基础的学生，教师应灵活运用各种教学技巧，以帮助他们更好地掌握所学内容。对于那些基础扎实的学生，启发式和探索式的教学方式更为适合，而对于基础薄弱的学生，则应采用形象直观和实物比较的教学方法。

（四）实施难易程度分层的课堂练习

为促进学生学习能力的稳步提升，教师应该根据学生的不同学习水平设定不同难度层次的练习题。这样一来，无论学生的知识储备和理解能力如何，都能在课堂练习中找到适合自己的挑战，从而更好地提高他们的学习能力。

（五）对学生的指导工作进行分层

对于学生的不同基础情况，我们采取了不同的教学方法。对于已经有扎实基础的学生，我们着重指导他们培养自主性思考的能力，以拓宽他们解决问题的思维路径。对于基础知识尚可的学生，我们主要采用阐释的方式，帮助他们理解解题步骤。而对于基础薄弱的学生，我们把重点放在讲授基本概念上，目的是让他们建立坚实的基础，为进行更高层次的训练做好准备。

三、开展分层教学的有效策略

（一）组建高素质教师队伍

在教育的起步阶段，首先，教育者的首要任务是确立正确的教育理念，这就意味着将学生置于教学的核心地位，并以公正的态度对待每一个具有不同知识水平的学生。其次，教育者需要对教学充满激情，将创意和多样性融入课程设计，以丰富多彩的内容帮助学生加深对知识的理解。最后，教育者应不断地自我提升，扩展自己的学识广度和深度。尤其对于数学教育者而言，随着数学领域在新兴产业中的迅速发展，其重要性日益凸显，因此，对教师的要求也更高。教师需要跟上时代的步伐，积极吸收新知识，提高自身的专业能力，并努力扩展自己的知识领域。

（二）设置周全的课程计划

在教学体系中，精心制定教案是教学活动的基础。因此，教师应首先确保教学资源的充分丰富，使学生能够接触广泛的知识领域。其次，教师能够通过参与教学研讨活动，借鉴同行在课程设计方面的宝贵经验，并将其融入自己的实践中。这样一来，在层层深入的教学过程中，教师能够更好地帮助学生掌握知识，从而进一步提升他们的学习能力。

（三）重视课堂管理

首先，教师应全面了解并评估每个学生的学术背景、数学基础，

以及潜在潜力，据此制定具体差异化的教学目标。其次，教师在课堂管理和调控方面需要不断创新并优化教学方法，以激发学生对知识获取的兴趣与热情。最后，教师应将现代科技元素有机融入数学课堂，使学生在学习数学的同时，深刻体会到数学对科技进步的重要作用，从而激发他们对科技发展的关注和追求，树立以数学为支撑的国家科技进步的崇高学习目标。

第八节　高职院校数学多媒体教学方法

随着社会的不断进步，多媒体技术在高职院校已被广泛采用。这种技术在教学中具有显而易见的优势，比如，黑板书写整洁清晰、音效传播效果良好，以及提供丰富教学资料等。但对于教师而言，过度依赖多媒体教材可能会导致他们角色的转变，从授课者转变为简单的播放操作者。这种情况会使教师机械地按照教材内容讲课，产生教学上的消极现象。对于学生而言，由于多媒体教材所包含的信息量大，素材丰富，学生在持续且高密度的文字、音频和视频学习环境中容易感到疲劳，这会导致他们难以理解和掌握学习材料中的关键和难点。此外，在以多媒体为主导的教学环境下，单向的播放模式也容易降低师生之间的互动效果。另外，多媒体教学对硬件设施的依赖性极高，其顺利运行在很大程度上取决于电子设备的稳定性和可靠性。在实际教学活动中，任何电子设备的故障或异常都可能会引发连锁反应，从而使课堂教学无法继续进行，甚至严重拖慢整个教学进程。

考虑在教学中可能出现的各种意外情况，实践中的教师通常会选择把多媒体教学与传统教学方式相结合，以确保课堂教学的稳定性。为提高同行之间运用多媒体教学方法的效果和质量，我们将重点介绍一些关键的操作要点和注意事项，以此为同行之间提供有益的参考和指导。

一、多媒体课件呈现的内容宜精不宜多

制作多媒体教学演示文档时，应当遵循逻辑性强、内容结构分明的原则。首先，要清晰地阐述定义，然后逐步描述性质，最后进行相关习题的演练。素材的编排应精练明了，避免过于复杂和混乱。目前，高职院校普遍采用PPT制作模式，每课演示文档通常不超过20页。在文字量方面，建议每页控制在50字以内。若页面含有数学公式或图像，应附加必要的文字解释或标注。对于定理的演绎过程，也可以适度展开说明。

二、板书教学与多媒体教学相互配合

经典的黑板教学法以其独特的方式展现了教师的引导能力，同时也促进了师生之间的交流和互动。这种方法不仅有助于教师更好地了解学生的知识掌握情况，而且与多媒体教学相比具有独特的优势。然而，值得注意的是，采用板书教学方式会使教师的体力消耗较大。因此，在教学实践中，板书教学与多媒体教学的有机结合是至关重要的。

三、控制多媒体课件讲解速度

受限于授课时间和教学内容的安排，教师常常机械地使用电子设备，照本宣科。这一场景在课堂上屡见不鲜。紧凑的授课节奏让学生几乎没有时间消化新的知识或者深入思考问题。加之学习材料的海量，学生往往难以完全吸收所学的知识，导致很多人跟不上教学进度，甚至失去了对学习的兴趣。这正是多媒体教学所面临的严峻挑战。因此，教师在日常的教学实践中，应当根据学生对知识的接受情况，灵活调整课件的使用频率，以保证教学进度的合理控制。同时，教师需要避免匆忙地浏览课件内容，而是要深入浅出地讲解，给学生留出充足的时间去思考。对于重要的知识点和结论，教师应该预留时间让学生进行记录。

多媒体教学技术因其交互性和生动性的特点，正逐渐渗透教学的方方面面，成为提高教学效率和激发学生学习兴趣的重要推动力。随着多元化教学理念的深入人心和实践经验的积累，各种创新教学方法在高职数学课堂上得到广泛应用，并预示着未来的高职数学课堂将迎来更为精致、生动、丰富的新发展。

第六章　数学教学中融入数学建模的思想与方法

第一节　运用数学建模的思想提高学生数学应用能力

在职教领域内，高等数学的课程设置应当遵循“以应用为主，满足基础要求，以确保能够有效运用”的教育理念。这一理念的核心在于培养学生把数学理论知识转化为解决实际问题的能力。作为基本学科的一部分，高等数学应当为各个学科领域提供支持，并将建模方法融入课程教学，以实现课程内容与实际应用需求的紧密结合。其主要目标是将抽象的数学思想转化为与学生所学专业直接相关的实用模型，并在教学过程中注重培养学生模型化的思维方式。这种做法不仅能够促进学生对数学知识的有效运用，克服传统教学方法的不足，还能够激发学生在数学应用方面的创新意识，进而显著提升学生在数学问题处理上的实践能力。

一、数学建模对培养学生数学应用能力的作用

在职业技术院校中，学生普遍存在着数学基础较为薄弱的情况，

学生的学习水平参差不齐。他们大多在学习新知识和理解方面遇到困难，更倾向于采用传统的应试学习方法。当面对复杂挑战时，他们往往会选择逃避。如果能够把数学模型的构建过程和技巧有机地融入各个阶段的课程教学，从而引导学生掌握数学模型构建的关键步骤，并将其与实际问题相结合，将会激励学生进行独立思考和实践操作，寻找解决问题的方法。这样，他们将能够在未来的专业学习中积极运用数学模型的思维方式，从而高效地分析和解决实际问题。

（一）激发学生学习高等文学的兴趣和增强学生学好文学信心

教师在传授数学知识时，应该将数学模型的思想贯穿教学活动之中。这就意味着将数学概念与学生日常生活的实际情境相结合，使数学知识更加贴近现实生活。运用实际案例帮助学生提高解决数学问题的能力，同时培养他们的自主学习和创新能力，这一方法尤为重要。通过这种教学方式，能够有效地打破以往数学教育的单调和乏味，从而激发学生对数学的兴趣和好奇心。运用数学模型教学的方法，引导学生运用数学工具解决熟悉的生活场景中的问题，并采用更易于理解的教学手段，注重学生之间的互动。这种方法有助于提高学生对学习数学的信心，并能够深入理解数学的本质。

（二）培养学生应用高等数学知识的意识

通过将数学建模的理念融入课堂教学，能够激发学生在面对实际问题时从数学的视角出发，创造性地运用所学知识和方法进行观察、分析和解决，从而培养其数学应用意识。

（三）提高学生的综合能力

在数学建模过程中，学生需要分析实际情况、收集信息、展开调研，把实际情境转化为数学问题，然后根据所学数学理论构建模型，并利用电脑和各种数学应用程序进行求解。这一过程不仅有效提升了学生的理解能力，还培养了他们解决问题的分析技巧和能力。

二、在高职院校高等数学教学中体现数学建模的思想

运用数学模型构建的思维和技术在大学数学教学中具有重要意义，有助于加深高等教育改革，从而培养更多杰出人才。比如，将数学模型思维融入大学数学教材，开设“大学生数学建模”选修课，并鼓励学生积极参与全国大学生数学建模竞赛等活动。

（一）在教学目标中体现数学建模的思想

在高职院校的教学中，我们特别注重建立扎实的理论基础，这是我们的核心追求。我们采用将数学基本原理与实际应用相结合的教育方法，强调通过数学实践来培养学生的思维方法和技能，从而提升他们的数学运算能力。我们的目标是让学生能够运用数学工具去识别、分析和解决专业领域中的具体问题。根据最新的教学理论，我们的首要任务是将数学建模的思维方式融入教学目标。教师需要不断更新教育观念，在教学活动中注重提升学生的综合素养，要特别关注培

养学生将数学知识应用于实践的能力，而不仅仅是理论掌握。比如，在学习极限的过程中，我们的目标不仅是理解极限概念及其计算方法，还要将其扩展到实际应用、问题处理方式，以及将问题转化为极限解决思路的能力。同样地，学习条件极值问题，我们不仅要关注对定义的理解，更重要的是关注其在实际情境中的应用和操作技巧。

（二）在教学内容中体现数学建模的思想

高等数学教学的重点在于将数学建模的核心理念融入其中，这需要将数学建模概念与实际教学密切结合起来。通过不同部门之间的协作和对专业知识的深入了解，能够更好地理解学生未来在专业学习和实践中对高等数学的真实需求。因此，在更新课程内容和改进教学方法时，必须根据职场需求和专业发展的要求进行全面革新。这种改革应保留数学的传统要素，但也要减少理论性内容，增加与数学建模相关的实际案例分析，同时结合现代数学观念和技术，采用模块化的教学方式。比如，在讲解“函数与极限”的概念时，可以引入类似于“复利”这样的应用模型；在讨论“多元函数极值”问题时，可以涉及像“易拉罐设计”这样的最优化数学建模元素。此外，在布置作业和实际练习时，也应该注重开放性和创新性，设计出旨在拓展学生思维、涵盖课程知识点的数学建模仿真练习题，这些练习题没有标准答案，有助于学生更好地理解和运用所学知识。

（三）围绕教学建模不断改进教学方法

为激发学生的创新思维，并提升他们对新领域知识和技能的探索热情，掌握数学建模知识变得尤为重要。为此，我们采用了多种教育策略和工具，以有效促进学生自主构建知识体系。根据不同的教学内容，我们灵活应用启发式学习、结合课堂讲授与实践、创设情境教学、问题引导式学习、讨论和自学等教育方式。此外，我们还积极探索现代教学方法的多样性，比如，问题导向学习、角色互换教学、建模教学和数学文化渗透等。

（四）进行数学建模实践活动

鼓励学生积极参与数学建模比赛，这是当前的一项重要任务。每年举办的全国性大学生数学建模大赛，不仅是学生展示数学才能的舞台，更应成为教师引导学生积极参与的机会。参与竞赛不仅能够挖掘学生的数学潜力，还能够培养他们的团队合作和沟通能力，从而提高他们的协作能力。

将数学建模的概念引入大学数学课程，有助于学生更好地理解数学在现实生活中的应用。通过构建数学模型解决实际问题，学生能够体会数学在解决现实难题中的重要性和乐趣，从而提升他们运用数学解决实际问题的能力。

第二节　数学建模思想在高职数学教学中的渗透

数学不仅是基础学问的核心，也是一个应用价值极高的领域。它的应用范围极为广泛，涵盖了物理学、社会科学、工程管理、生物技术，以及经济分析等多个学科。在职业教学中，数学课程的主要目

标是培养学生运用数学理论和逻辑思维解决实际问题的能力。这种教育理念强调实践，致力于培养学生的基础计算技能和问题分析能力。传统的数学教学模式过于强调理论定义、法则验证、推导公式，以及复杂的计算技巧，这对于基础较弱、素质有待提高的高职学生并不合适。这种理论导向的教学方法加剧了学生对数学的抽象和枯燥感，降低了学习兴趣，也不利于提高学业成绩。然而，数学建模的实质在于利用数学模型解决实际问题。它通过简化和概括复杂问题，设定相关参数和变量，从而构建适当的数学模型，然后对模型进行解读和说明。并且，将得出的解决方案应用于实际情况中，检验解决效果的可行性，并在必要时对模型进行修正、推广或进一步发展。通过在专科数学教学中引入数学建模的思维方式，不仅能够减轻学习数学的复杂性，还为学生提供了实际而全面的学习环境，增强了学生对数学概念的理解。同时，这种教学方法能够让学生体会到数学的实际应用意义，从而提升他们对数学的兴趣，激发学习热情，并提高他们在处理实际问题时的创新思维和综合数学知识运用能力。

一、在教学的引入中渗透建模思想

传统的数学高等教育通常采用的教学方式是从抽象的概念、明确的定义和公理的建立开始的，然后通过逻辑演绎和确凿的证据展开教学。然而，这种方法常常使学生感到学习单调乏味，进而难以理解。相反，如果改变教学策略，从日常生活中的实际问题入手，引入相关的数学方法和原理，就能更有效地吸引学生的注意力，帮助他们掌握并应用所学的知识。比如，当介绍数列时，可以结合银行贷款的例子，让学生研究30万元贷款期望在20年还清的情况下，选择“等额本金”或“等额本息”偿还方式所产生的总本息。通过这样的对比分析，学生能够更好地理解利率和还款方式对财务决策的重要影响。再比如，在引入极限概念时，可以借用“削竿问道”的故事来启发学生了解历史上的数学思想和成果。在分段函数的教学中，也可以拿出租车计费作为现实案例，让学生亲自计算某段路程的费用，并总结出这种收费模式对应的函数规则。采用这些具体案例进行教学，通常可以使知识更加深入人心。案例的选择直接影响着教学效果和学生学习动力的激发。教师应根据学生现有水平设计恰当的挑战，既避免题目过于困难导致学生望而却步，又要确保他们在克服适度难题的过程中实现知识的内化和能力的提升。

二、在教学难点的突破上应用数学软件

在攻克高等数学的学习过程中，个人的认知基础对知识的掌握程度有着重要的影响。数学辅助软件通过图形绘制和计算功能，能够直观地展示或计算数学概念和原理，避免了烦琐的逻辑推演和验证过程，而对于技术类高等院校的学生具有极大的帮助。比如，在传统的数学教学方法下，许多数学题需要耗费大量时间和精力来求解，如求解行列式的值、解线性方程组、解微分方程等，要求学生掌握多种解题方法并且进行反复练习。然而，利用数学软件工具，这些难题可以得到快速解决。因此，在制定教材和课程设计时，可以减少这类练习的比重，使学生能够更加专注于理解理论和提升实际操作技能，这也有利于提高高职院校学生的数学应用实践能力。

三、在作业布置和考核方式中渗透数学建模思想

目前，高职院校的数理课程作业安排主要以练习题为主，重点放在公式推导和问题解算上。在学生成绩评估方面，大多数采取书面考核方式，考题侧重逻辑推演和数值运算，而忽略了实际应用。这种做法导致部分学生过分追求分数，忽略了数理素质和全面素质的提升，与高等教育的目标——培育实践型专业人才存在矛盾。要将数学建模思维深度融入高职教学，评分机制的改善至关重要。一个公正的评估体系应当同时重视理论学习和实际操作。首先，期末考试不仅应保留对基础知识和技能的检测，还应当注意调整试题难度，使其适中。其次，根据不同专业特点和数学课程进度，逐步为学生安排开放式的小型课题，并要求学生在课外时间以论文形式提交，教师则根据论文的学术性和创新性进行评分。最后，将期末考试成绩与日常论文成绩按一定比例合成，才能得出学生的最终成绩。这种评价方式既注重知识掌握，又重视能力培养，有效避免了高分低能的情况。

四、结合专业知识的应用渗透建模思想

在高等教育中，数学被普遍视为一门基础性学科，被包括在许多学科的课程体系中。学生在学习数学课程的过程中，逐渐培养了运用数学逻辑、技巧及其辅助工具解决实际问题的能力。在教学过程中，教师应当根据学生的学术基础选择恰当的数学示例来激发他们的学习热情，同时在授课时也应当减少对深奥理论和复杂计算的强调，

以拓宽学生的知识面并提高他们的综合能力。在案例分析阶段，对于学习侦查专业的学生而言，正确判断死亡时间对于案件侦破至关重要，因此，在这个环节，向学生介绍应用物理学的降温原理来推断的方法。根据牛顿的冷却原理，物体在大气中的降温速度与其和周围空气的温度差直接相关。比如，在谋杀现场，若遇害者的体温在两小时内从正常的 37 度降至 25 度，且周围温度保持在 20 度，我们就可以根据这些数据推断出遗体体温随时间变化的详细模型。如果在发现遗体时测出其肢体温度为 30 度，并且发现时为上午 9 点，则可以推算出案发时间的大体范围。对于学习经济管理的学生，教师在讲授级数总和的计算时，能够将涉及金融市场的“单利息”和“复合利息”的理念加以融合，同时在探讨极值求解时，可以联系实际情况，比如，以“最高盈利”为例进行解释。对于主攻工程学科的学生群体，教育者能够采用跳伞运动员的数学模型作为教学工具，研究分析影响运动员安全平稳着陆所需的降落伞面积大小。通过这些问题的思考和解答，学生不仅巩固了相关的数学知识，也激发了对专业学习的兴趣，为更深入地理解专业内容奠定了坚实的基础。

综上所述，高职院校的数学教师应积极探索并应用数学建模的方法技巧运用于数学课堂教学中。这种做法不仅能够明显提升教学效率和激发学生学习的积极性，同时还有助于增强学生的逻辑思维能力和解决实际问题的实践能力。这一举措将有助于提升数学教学水平，为提高高职生的全面素养提供有力支持。

第三节　数学建模融入高职数学课堂的现实分析

高职院校的使命在于培养应用能力强的专业人才，其教育重点是放在实操技能上，并非纯学术研究。为此，高职院校设计了注重实践需求的课程体系，旨在打造技术和理论并重的教学内容。所培养的学生不仅具备创新能力，同时也为高职院校赋予了强调实践、主动探索和注重过程的教学特色。随着教育改革和课程更新的不断推进，高职院校开始转变高等数学教学方式，以提高学生的数学素养和实际运用能力。近年来，随着全国大学生数学建模竞赛的普及，技职院校迅速引入了数学建模的课程和竞赛训练，这也进一步推动了高等数学教学的革新。然而，如何在有限的教学时间内把数学建模思维与技巧融入高等数学课程，如何有效地整合数学建模和专业学科，以及如何通过数学建模教学来激发学生学习数学的热情并提高解决实际问题的能力和意识，这些问题已经开始被探讨，但仍需要进一步深入研究。

一、高职院校数学建模教学现状

目前，高职院校在数学模型构建的教学实践中主要面临以下几方面的挑战。

1. 高职院校的学生在数学知识底蕴方面不够扎实，刚入学时，他们的数学水平参差不齐，其逻辑推演和问题分析理解的技能也同样较弱，这会导致他们在学习的旅程中将面对众多挑战和障碍。

2. 目前市面上的数学建模课本主要面向本科生设计，但专为高等教育数学建模而定制的优质教材和教学大纲相对匮乏。因此，高职院校的教师需要积极搜集、整理和编写适合高职生学习特点的教学资源，以满足他们的需求，这包括创编新的教案和教材。

3. 数学模型构建的广泛性质使其与高等数学的各个分支学科密切相关。然而，高等教育的学生接触的相关课程内容相对基础和简略。在这种情况下，他们接受数学模型教学可能会面临更大的挑战。与普通本科生相比，高等教育的学生在特点上也存在明显的区别。

（1）高等教育的学生对问题的处理具有较强的灵活度，他们头脑敏捷并怀揣着丰富的创造力，怀有强烈愿望去追求实践性强的技能和科学性的思维。

（2）高职院校学生偏好亲自操作和制作：高等教育的学生更倾向于动手操作的学习方式，由此展现出其较为实在的性格特质。

（3）学生对逻辑理论思索的零散特点：当步入高职院校，普遍现象是学生不太注重理论学习。在处理理论知识时，他们通常不能持续专注地深入思考，反映出一种思维的断续和零星。

全国高校数模竞赛的副领导、清华大学的姜启源讲师曾经强调：对于那些专注于培养实用技术人才的高等职业技术学院来说，使数学建模成为数学课程的核心环节，这样的做法既有其紧迫性也是行之有效的。

二、数学建模教育融入高职数学的可行性

经验表明，把数学模型制定的教学纳入高等教育的数学课程是行得通的。

1. 高等教育强调培养实用型专业人才，注重知识的实践性。这一教育理念与数学建模的宗旨高度契合。虽然高等院校学生在数学应用方面有所欠缺，但数学建模是提升这一技能的有效途径。在理工科和管理科等高职专业课程中，许多理论概念都源自经典的数学模型。这些理论和实例为教学资源提供了丰富的内容，可供整合在课程中。

2. 国内的大学数学建模竞赛，以其持续向好的发展趋势，成为促进学生综合运用知识、提高创造力、增强合作精神和塑造个性的重要平台。这一赛事受到了社会各界的广泛关注，并得到了不同级别教育监管部门的大力支持。许多高等教育机构积极响应，投入大量人力、物力进行数学建模教学，一些院校还专门增设数学建模课程，组建特色班级，开展一系列围绕竞赛的教育、研究和创新活动。与此同时，数学建模所倡导的理论实践融合、案例教学探究，以及开放式评价方法，极大地鼓励了教师在教育改革方面的探索，为教学实践的深化奠定了坚实基础。

3. 尽管专科级数学授课时间极为宝贵，但随着电脑科技的快速发展，我们可以轻松地利用 Mathematica、MATLAB 等计算软件完成复杂的运算。同时，采用多媒体教学手段能够使课堂内容更加丰富，提升教学效果，从而为融合教学创造出更多宝贵的时间。更重要的是，这种使用计算机等现代技术探索规律和解决问题的新思维模式能够得以确立。总而言之，计算机和数学程序的广泛应用为把数学建模的理念和技巧融入教育过程提供了非常有利的环境。

4. 职业高等学校教育是高等教育体系中的一种新型模式，与传统学科教育相比，它的束缚较小，受到成规旧习的干扰也相对有限。在教学过程中，并不过分追求理论知识的条理性。因此，在整合数学模型相关教学内容时，我们能够对现有课程设置进行必要的修改，以拥有更加灵活的教育空间。

三、数学建模教育融入高职数学的必要性

在社会中，取得地位不仅需要才华，而且还需要其他因素的支持。数学教学长期以来因其独特性和多样性，在塑造人才、提高个人素养等方面发挥着关键作用。由于职业教育具有固有的特点，所以高职院校的数学教学必须主动适应专业实际需求，符合实用型人才培养的目标。数学问题常常源于实际问题，将数学建模的理念和技巧融入其中，不仅可以加强数学与专业学科的联系，还能够重新确立数学与实际之间的联系，从而提高学生的实际应用能力和创新能力。因此，引入数学建模思维和方法将促进当前高职数学教学体系的活化，并有助于“挽救”逐渐被忽视的高职数学。将数学建模融入教学成为教育改革的新起点，其重要性和紧迫性由此可见。

（一）通过数学建模培养高素质应用型人才

21 世纪是知识经济的时代，知识和技能成为重要的资源和产业组成部分。知识的产出、创新，以及其流通和利用构成了经济和社会

发展的核心。具有才华和创新精神的人才对推动发展至关重要，而创新是知识经济的核心。因此，培养高质量、具有创新精神的人力资本成为高等教育的重要任务。在这种人才的科学文化素养中，数学素养扮演着至关重要的角色，它是培养创新能力的基础。作为培养和塑造人才的关键平台，高等学校需要更多地培养和重视学生的数学素养。然而，当前的数学教学机制已经无法满足不断发展的需求，亟须进行教育改革。

叶其孝教授曾明言，数学模型及其所包含的计算能力，在科学研究和工程设计方面具有至关重要和不可或缺的地位。对于培养能够在创新领域占据主导地位的人才，21 世纪的大学生必须具备数学模型构思和应用技巧这一基本技能。因此，在数学及其他相关课程的教学过程中，融入建模观念和方法显得极为重要。我国高等教育正处于新的发展阶段，被视为革新性的教育体系，并亟须培养出具备创新精神和建设能力的人才。培养适应“生产、研发、管理、服务前线需求的高层次技术应用型专才”已成为社会普遍认可的理念，并在高职教学实践中得到越来越广泛的应用。在这一新趋势下，传统的数学教学方法已不再满足高职数学教学课程改革的需求。职业教育对数学的深层次需求、教学模式及其在专业人才培养中的地位也受到广泛关注。数学模型作为将现实问题转化为数学问题的重要桥梁，需要通过构建和应用数学模型来反映数学思维与现实问题的结合情况。因此，将数学建模的观念和方法引入职业数学教学，对于激发学生对数学学习的兴趣、提高他们的数学思维水平，以及增强他们解决实际问题的数学能力至关重要且不可或缺。

（二）数学建模是培养创新思维的一种有效途径

创新思维，作为一项心智特质，是当代高校学子不可或缺的一项基本素养，那创新思维究竟是什么？其又涵盖了哪些建设性的要素？

1. 对创新思维的定义。创新思维是一种积极而独特的心智过程，它包括对新观念的辨识、新见解的提炼，以及对未知问题的解决。民间常有谚语“一事通则万事通”，意味着这种思维方式能够通用于各种情境。这种思维方式将逻辑推理和直觉洞察结合在一起。具体而言，逻辑思维为数理创新奠定了坚实的基础，直觉则为逻辑推演注入了新颖的灵感和提升，对于启发创新至关重要。创造性思考是通过独特的视角或方法来揭示和解决问题，可以看作各种思维技巧的综合体，这些技巧促成了创新成果的产生。这代表了一种思维方式的根本变革，即摆脱常规思维的约束，探索非传统、非标准的独立思考路径。这种方式包括比拟、感知、联想和假设等多种形式，更多时候是将抽象逻辑与直觉技巧混合运用以进行思考。

2. 创新思维涵盖众多特定的思维技巧，比如，善于通过类比、逆流而动的思维、多元组合的思考、探索不同点的思维、跳出逻辑框架的思考、集中精细的思维，以及扩展开放的思维等。

教授数学模型不仅是激发学生综合素养和创新精神的重要途径，更能有效提升他们的创新技能和操作实践能力。这种教学方法对于推动和深化大学教育改革至关重要，其影响不可或缺。理论分析和近年来的教学实践都清楚地证实了这一点，并且在教育界内外得到了广

泛认可。接下来，我们将详细探讨数学模型对学生创造性思维的重要影响。

通过数学模型的教学，学生的学习过程已从被动接受转变为积极参与和深入探究的状态。传统教学模式通常将教师置于教学的核心地位，他们的任务是向学生传授知识，引导他们区分对错，而学生自己很少有机会独立思考，并自行发掘解决问题的方法。这种教学方式促成了学生对教师的依赖，使其习惯于被动接受知识，这种情况严重制约了他们的创新能力和创造性思维的培养。然而，数学模型的教学方法通过问题的设置引导学生进行思考，鼓励他们通过分析和讨论寻找解决方案。在这个过程中，学生自然而然地培养了创新的思维方式，并激发了对创造性思维的热情。

（三）通过数学建模的方式指导学生，可以更深入地探索数学的哲学内涵和应用方法

相对而言，传统的数学教学过于注重公式和运算，甚至只是机械地训练解题技巧，从而忽略了培养学生的数学思维能力。数学本身包含着多种复杂的思维模式，比如，推理综合、逻辑演绎、精确算术和模型构建等，这些都是理解和优化世界的基础技能，也是在提出创新概念、构建新体系和探索新方法时不可或缺的创造性思维工具。数学建模教学常常以实际应用场景为出发点，通过分析经典案例，潜移默化地提升学生对数学的理解和思维模式的掌握。这种教学方法涵盖了微积分、局部量化处理、问题优化、迭代法则、逐步精确方法和变换手段等内容，并帮助学生构建科学探索和问题解决的思维框架。

创新思维是其中的核心，它涵盖了摘要、逻辑推导、形象理解、类比比较、归纳总结、扩散思维、逆向思考和假设推断等多种思维方式。这些能力对学生将来无论是从事科学技术研究还是管理职能都具有长期的益处。

通过构建数学模型，可以有效提升学生的独立学习能力。这一模型构建过程被视为自学素养提升的核心环节。在实践中，学生能够积极思考，并结合具体问题的时空情境展开研究式自主学习。这种数学模型的建立活动不仅能够激发学生的学习热情，还能够增强他们的自主学习能力，从而有效地促进学生自主学习素质的提高。

将数学模型的构思融入高等教育的数学科目，是当代数学的进步所需。

数学教学的不断进步呈现两个主要趋势，即“通俗数学解题策略”和“实用性课程”。这些趋势的影响力仍在不断扩大。数学模型化作为其中之一，架起了现实世界中具体挑战与数学理论之间的桥梁，为问题的准确、规范和科学解决提供了途径。数学模型化不仅仅是揭示、应对难题，以及追求知识真相的工具，而且还极大地提高了学生的数学实践技能和意识。从本质上看，数学模型化至关重要，它位于“通俗数学解题策略”和“实用性课程”这两大发展趋势的核心地位，有效推动了这些趋势的持续演进。

正如李大潜院士所指出的，将数学建模的思维与策略融入本科数学核心课程并非偶然之举，而是有充分证据支持的举措。当前，数学正以前所未有的速度渗透各个领域。数学建模已然成为数学应用领域的主要途径，国内外对此予以高度重视。近年来，计算机技术突飞

猛进，为数学及其应用学科的学习提供了极为优越的条件。可以清晰地观察到，将数学建模思维纳入数学教学体系已成为符合现代数学发展趋势的举措。

第四节　数学建模融入高职数学的实践

一、以“三个结合”为原则，设计高职数学建模教学内容体系

1. 职业技术教育的目标是培养具备高水平应用能力的技术专才。因此，在高职数学建模的教育中，应紧密结合这一目标，重点培养学生的实践操作能力和模型构建能力。职业教育的终极目标是培养学生既具备灵活的思维，又具备精湛的技艺，并将这些能力应用于实际场景，实现实际产出。因此，数学建模课程不仅要传授理论知识，更要注重实践应用的训练，以确保学生毕业后能够为国家各个领域发展注入新的活力。他们在学以致用的过程中，如果能够利用所掌握的数学技能和方法，推动创新、完善操作技巧、提高工作效率，并增强产品的市场竞争力，将对国家的建设与发展产生重大的促进作用。

2. 高职院校的数学模型课程需要充分考虑学生的知识基础、实际能力和认知水平。鉴于大多数学生在数学方面的基础相对较弱，我们应当简化复杂的数学理论，减少对体系结构的依赖，以更加突出知识的实际应用价值。以线性规划为例，尽管其应用广泛，但其理论复杂，计算烦琐。因此，在教学过程中，我们应专注于教授建立线性

规划模型的策略和使用软件工具进行求解的操作技巧，着重实践，简化理论。同时，考虑到学生素质参差不齐，我们可以采用分层教学方案。对于初学者而言，即第一层次的学生，在模型教学的初步阶段，通过解析简单模型，让学生理解和掌握建模的基础理论和方法，培养他们运用数学知识分析和解决日常生活中简单问题的能力和习惯。对于一些表现突出的学生，我们可以提供第二层次的教学，即组织他们参加更具挑战性的建模竞赛培训，以增加模型的综合程度和复杂性，从而进一步提升他们的数学建模能力。

3. 在高职院校里，将数学模型的教育与高职级别的数学课程有机结合已成为一种趋势。近年来，随着数学模型课题的不断深入与扩展，许多学校开始尝试将数学模型的理念和方法融入高等数学教学中，他们对此进行了深入的研究和实践。教学策略和技巧日益多样化，将教学理论与实践相结合，不断创新教学素材。这些举措大大激发了学生学习和应用数学的热情，显著提升了学生分析和解决问题的能力。

技术应用大学的高等数学课程内容丰富多样，其中主要包括数学模型的概念讲解、极值理论的阐释、导数与微分法则的学习、定积分和不定积分的应用、微分方程的处理方法、最优解的寻找策略、数据分析技巧，以及数学实验操作等。其中，数学实验环节显得尤为突出，应当予以高度重视。构建数学模型常常需要与计算机技术相结合，尤其在当今计算机技术飞速发展的时代，借助高级数学软件工具如 Mathematica、MATLAB 等，复杂的数学计算将变得更加便捷。这些知识点中的计算和操作技巧都可以依赖数学软件来完成，因此，

教师的角色也相应发生了变化，更多地集中于解释和阐释这些问题背后的数学原理和法则。

二、高职院校应以“低起点、高目标”精心进行数学建模课程教学设计

在课堂教育规划的初期阶段，应当坚持采用问题导入、案例分析、循环往复和思维拓展等教学策略，并对教材内容进行周密的布局。教学的切入点应当选择充满趣味且贴近实际的问题，通过趣味横生的场景设计来传授知识，以激发学生的积极思维和主动学习态度。鼓励学生运用已有知识进行推理、观察、比较、剖析和归纳总结，探索问题的解决之道。这种教学模式的目的在于使学生在愉快的氛围中吸收知识。在选择教学案例时，应优先考虑那些环境单纯、易于理解的实例作为起点，有助于学生掌握建模的基本程序，然后逐渐引导他们深入理解。如在教授基础数学模型时，可以从与生活相关的简单问题开始，如砖的铺设问题，然后逐步过渡到更具挑战性的题目，包括汽车出租、手机套餐比较、地表搜索策略，以及卫星导航系统等复杂的建模竞赛题目。通过采用由简单到复杂的教学法则，激发学生的思考能力。在探索每个案例之后，应规划拓展性活动，培养学生的求知欲，从经典案例分析到基础概念讲解，再到比较类推、概括总结，以及掌握解题技巧的学习步骤，目的是全面提升学生的应用数学水平。

1. 致力于实现“教、学、行”三者合一的教育方式，理论教学与实践互为补充。我们采用情景模拟、以项目为核心推动学习、以任

务完成为导向等授课方式，在解决实际问题的过程中，巧妙地引入必要的理论元素。这样做有助于引导学生在解决问题的同时掌握相关知识，并将所学知识应用于实际操作中，提升他们的技能水平，从而实现理论与实践的有机结合。

2. 为构建一个良好的学习环境，我们需要确立一种高效的教育体制，其中教育、实际应用和竞技并重。针对高职院校数学教学中存在课时不足和学生基础水平不高的问题，我们创新了一种融合课内外教育的方法。在课内，我们通过系统的教学活动来培养学生的建模思维和技巧；而在课外，我们为学生提供了实践建模的机会和场所。这两种模式的结合不仅能够促使学生整体能力提升，还能够激发他们的学习兴趣和动力。此外，我们还可以通过组织建模比赛和其他竞赛活动来推动校园数学文化的发展，从而达到提升学生全面素质的目标。

3. 在数学建模的教学中，我们结合了灵活多样的教学方法和领先的教育技术。我们主要采用案例教学法，初步引导学生以简单案例启发思维，然后在问题解决的过程中逐步介绍建模技巧和软件应用，以激发学生的求知欲。通过案例分析，我们引导学生扮演教师的角色，与辅导员交流思路，这种角色互换的教学方法极大地加深了学生对建模技巧的理解，同时也锻炼了他们的逻辑推理和表达能力。另外，我们采用项目导向的研究方法，鼓励学生组建团队，从项目策划、深度探究到难题攻克，最终完成结果汇报和研究论文撰写，全面提升了他们的创新思维和实践技能。在教育工具方面，我们广泛利用多媒体材料，包括电子教案、数学软件演示、电脑辅助教学和案例分析视频，使课程内容更加生动直观，简化复杂计算过程，充分利用网

络资源，促进师生之间紧密互动，营造出有利于学生自主学习的环境，从而显著提升他们的学习效果。

三、在建模培训指导中充分发挥教师的主导作用

在高等学府的数值模拟大赛中，不同类型的数学模型屡次登场，涵盖了优化、预测和评估等领域。对这些模型进行分类和概括，对于培养学生的分析和解题能力至关重要。在建模竞赛中，优化模型的重要性不容忽视。据悉，在高等专科组别的比赛中，超过八成的题目都可以通过构建优化模型来解决。比如，场景搭配、会议安排、NBA 赛事分析与评价、城市公交规划、矿场瓦斯与煤尘管理、数字光盘网络租赁等课题都是优化类模型的典型应用。通过将数学理论与软件工具相结合，能够更加有效地解决这些问题。预测类课题则要求学生分析历史数据，推断未来趋势。比如，本年度专科组遇到的退休金问题，对于许多学生来说，预测任务颇具挑战性。教师通过介绍多项式匹配、非多项式匹配和灰色系统预测等方法，帮助学生逐步理解预测任务的本质。评估类课题则需要学生对现有系统进行分析，确定其评估标准，建立评估体系，并最终完成评价报告。

我们坚持每周一举办研讨会的传统，鼓励学生选择适合的模型研究论文进行深入阅读，以便于理解他人的研究成果。在这一过程中，学生有机会展示自己对问题的理解和观点，并与他人进行交流。这种互动有助于加深对问题的理解，并在已有基础上提出个人见解和改进策略，以更有效地解决难题。同时，我们也鼓励学生持续思考，旨在打破传统的被动学习方式，培养他们主动查阅大量书籍和资料提

高问题研究的能力。

确立规范的科研论文撰写流程，打造精致的学术风范。论文是数学模型分析成果的直接展示，承载着研究者的心血和努力。在撰写和润色数学模拟研究报告的过程中，可以迅速提升思想表达和结论阐述的逻辑性和清晰度。通过严格规范的写作训练，也能够避免如参考文献格式混乱、抄袭他人研究成果等不良行为，培养出优秀的科研品德。

培养学生坚毅的精神和不屈不挠的信心是十分重要的。每次仿真比赛的报告都会接受批评与指导，学生会认真考虑并完善构建的理论模型，经过超过十轮的不懈修订，最终取得优秀而令人满意的研究成果。在这个过程中，学生会经历失落、对个人能力的怀疑和否定，而要克服这一切，他们需要极强的意志力和抵抗压力的能力。

参考文献

[1] 陈杰 . 五年制高职教育理念下的数学教学理论研究 [J]. 宿州教育学院学报，2016（2）：120—121.

[2] 陈坤 . 多元智力理论视域下数学教学评价体系的重构 [J]. 齐鲁师范学院学报，2017（1）：70—75.

[3] 程会仙 . 数学教学论课程教学改革探究 [J]. 太原城市职业技术学院学报，2008（2）：102—103.

[4] 单宝良 . 科学教学理论在高等数学教学中的运用 [J]. 教育教学论坛，2014（1）：185—186.

[5] 丁玉梅，王霞 . 发现学习理论在高等数学教学中的实践研究 [J]. 中国轻工教育，2017（2）：66—68.

[6] 方勤华 . 皮亚杰认知发展理论及其对数学教学的启示 [J]. 周口师范学院学报，2009（5）：154—156.

[7] 傅钦志 . 运用多元智能理论实施差异数学教学 [J]. 教育探索，2010（1）：68—69.

[8] 高然 . 数学探究性教学理论与实践 [J]. 西部皮革，2017（6）：235.

[9] 葛君暖 . 基于情境教学理论的数学教学 [J]. 中国教育技术装备，2013（22）：121—122.

[10] 黄兵 . 基于分层教学理论的高中数学教学 [J]. 南昌教育学院学报，2012（3）：115—119.

[11] 贾娟 . 基于认知负荷理论的高职数学教学质量评估 [J]. 科技通报，2020（8）：115—119.

[12] 孔胜涛 . 多元智能理论对中学数学教学的启示 [J]. 教学与管理，2007（12）：79—80.

[13] 乐兴贵 . 高中数学课堂教学策略研究 [M]. 延吉：延边大学出版社，2019.

[14] 李粉香 . 互联网背景下高等数学教学理论与实践：评《互联网 + 动态数学：网络画板推进数学教学变革》[J]. 中国科技论文，2022（3）：363.

[15] 李鹏，苏建伟 . 论数学教学理论研究的依托与发展 [J]. 海南广播电视大学学报，2020（3）：119—123.

[16] 李晓琴 . 学习迁移理论在中学数学教学中的应用 [J]. 教育理论与实践，2017（2）：60—61.

[17] 李忠 . 应用“分层教学”理论促进职高数学教学 [J]. 各界文论，2007（2）：77，79.

[18] 刘文云 . 学习迁移理论在高中数学教学中的应用分析 [J]. 才智，2015（14）：45.

[19] 刘秀文 . 在数学教学中深化对情境教学理论设计的认识 [J]. 太原城市职业技术学院学报，2004（S4）：29—30.

[20] 刘莹 . 新时代背景下大学数学教学改革与实践探究 [M]. 长春：吉林大学出版社，2019.

[21] 刘志红 . 高中数学教与学的实践与研究 [M]. 北京：光明日报出版社，2019.

[22] 罗钦 . 建构主义理论下的数学教学 [J]. 教育现代化，2017（35）：161—163.

[23] 马波 . 师范院校中学数学教学理论课程改革的几点尝试 [J]. 课程·教材·教法，2006（5）：83—86.

[24] 马颖 . 情境认知理论在高职数学教学中的应用研究 [J]. 职教论坛，2010（30）：60—62.

[25] 庞进生 . 用建构主义理论指导数学教学 [J]. 三门峡职业技术学院学报，2006（3）：58—59.

[26] 钱美兰 . 有效教学理论下的数学双基教学和数学变式教学 [J]. 海峡科学，2015（11）：99—102.

[27] 尚晓青，张军容，李栋 . 几何画板与数学教学的理论渊源 [J]. 和田师范专科学校学报，2006（2）：170—172.

[28] 邵文凯，任建英，喻利娟，等 . 基于多元智能理论的高职数学教学策略的优化研究 [J]. 成都航空职业技术学院学报，2021（3）：33—35.

[29] 唐剑，王振新，李群，等 . 高等数学理论在高中数学教学中的渗透 [J]. 阜阳师范学院学报（自然科学版），2018（1）：112—117.

[30] 唐小丹 . 罗杰斯教学理论对数学教学的启示 [J]. 贵州民族大学学报（哲学社会科学版），2013（1）：178—180.

[31] 田斌 . 数学教学论课程情境化考试探讨 [J]. 重庆文理学院学报（自然科学版），2007（4）：80—82.

[32] 王金芳 . 高中数学教学方法研究与实践 [M]. 长春：吉林人民出版社，2021.

[33] 王众杰，吕芳 . 元认知理论在数学教学中的意义 [J]. 洛阳师范学院学报，2009（2）：139—141.

[34] 吴承永 . 加德勒多元智力理论对数学教学的启示 [J]. 科技展望，2015（25）：182.

[35] 席阳，徐章韬 . 论基于学习理论的高等数学教学设计 [J]. 高等理科教育，2016（3）：96—102.

[36] 肖春梅 . 论人本主义的教学理论及其对数学教学的启示 [J]. 教育与职业，2008（20）：79—81.

[37] 徐婷 . 基于分层教学理论的提高中职艺术教育数学教学质量方法探索 [J]. 才智，2017（12）：57.

[38] 徐婷 . 基于分层教学理论的提高中职艺术教育数学教学质量方法探索 [J]. 现代职业教育，2016（35）：84.

[39] 轩丙宇 . 学习迁移理论在高中数学教学中的应用研究 [J]. 才智，2018（6）：93.

[40] 玄蕾蕾，朱江 . 信息化教学与高中数学的理论重构 [J]. 中国新通信，2022（7）：197—199.

[41] 闫婷婷 . 从奥苏贝尔认知同化理论谈高等数学教学 [J]. 通化师范学院学报，2018（10）：107—110.

[42] 杨蓓 . 高职数学教学发展研究 [M]. 天津：天津科学技术出版社，2020.